# 日本軍用機事典
## 1910〜1945
## 海軍篇
### [新装版]

野原 茂

イカロス出版

文・イラスト・写真 —— 野原茂
装丁／本文デザイン —— 山田美保子

# 序　文

　今日、日本の陸海空自衛隊が保有する航空機・ヘリコプターの大半が、アメリカを中心とした外国設計機で占められる状況からは、想像もつきにくいと思われるが、昭和20年（1945年）8月15日、太平洋戦争に敗れてその一切が消滅するまで、我が国の陸海軍航空が保有する軍用機は、その大半が日本人技術者により設計されたものであった。

　当時の欧米最新型軍用機に比較すると、資源にも乏しい日本の現状を反映し、機体そのものの出来、性能ともに、やや見劣りするのは否めなかったが、航空機設計技術面においては、決してその限りではなく、分野によってはアメリカの技術さえも凌ぐほどのノウハウを有していた。

　そんな"純国産"の日本軍用機も、太平洋戦争敗戦によって、ひとつの歴史を閉じてしまったのだが、戦後間もない頃より今日に至るまで、かつての先人たちの努力を後世に伝えよう、という意図のもとに、様々な形で、旧陸海軍航空機に関する出版物が世に出た。それらは、設計者自身、あるいは軍側技術者、さらに航空機に乗って戦争を体験した人などの回想記だったり、写真集だったりと、内容は様々である。

　それらの中には、明治時代末期の軍航空草創期よりの歴代機をまとめた、エンサイクロペディア的なものも含まれるが、その多くは価格が高価なうえ、内容も一般の人たちが、ある程度理解するには高度、かつ専門的に過ぎるのは否めなかった。もっとも、航空工業技術そのものが、高度な専門分野であって、きちんと解説しようとすれば、相応に難しくなってしまうのは当然なのだが……。

　筆者は、最も需要が高いと思われる、このエンサイクロペディア的な日本軍用機集を、できるだけ平易に、かつ価格もリーズナブルになるようなハンディ版で、との意図で本書を企画してみた。簡潔な解説は、一定の知識をお持ちの読者からみれば、物足りなく感じるかもしれないが、より以上の情報は、別な媒体で吸収していただければよい、という前提で、敢えて御了解を賜りたい。また第四章に収めた各項目は、機体だけではなく、海軍航空の全般的なことも、最低限知っておいたほうが理解し易い、との意図で含めた。

　なお、本書は平成17年（2005年）に刊行した初版の新装版であるが、誤記、脱字の修正、第四章本文解説の加筆、修正をはじめ、写真、図版の差し替えも可能な限り行ない、付加価値を付けさせていただいた。

野原　茂

# 目次

序文……5

## 第一章
## 草創～外国依存期………9

モーリス・ファルマン 1912年型水上機／カーチス 1912年型水上機………10
ドゥペルデュッサン 1913年型水上機／モーリス・ファルマン 1914年型水上機………11
横須賀工廠 日本海軍式水上機／横須賀工廠 中島式トラクター水上機………12
横須賀工廠 双発水上機／ソッピース シュナイダー水上戦闘機………13
横須賀工廠 ホ号乙型水上機／横須賀工廠 ホ号小型水上機………14
ショート 184水上雷・爆撃機／ソッピース 3 パップ戦闘機………15
横須賀工廠 ロ号甲型水上偵察機………16
横須賀工廠 イ号甲型水上練習機／アブロ 陸上/水上練習機………17
グロスター スパローホーク 艦上戦闘機／横須賀/広工廠 F-5号飛行艇………18
三菱 一〇式艦上戦闘機 [1MF]………19
三菱 一〇式艦上偵察機 [2MR]／三菱 一〇式艦上雷撃機 [1MT]………20
ハンザ・ブランデンブルグ水上偵察機／横須賀工廠 十年式水上偵察機………21
三菱 一三式艦上攻撃機 [B1M]………22
海防義会 KB飛行艇／横須賀工廠 一三式練習機………23
横須賀工廠 一四式水上偵察機／中島 一五式水上偵察機………24
ロールバッハR 飛行艇／広廠 一五式飛行艇 [H1H]………25
横須賀工廠 全金属製辰号水上偵察機／愛知 一五式甲型水上偵察機(巳号)………26
横須賀工廠 一号水上偵察機／三菱 鷹型試作艦上戦闘機 [1MF9]………27
愛知 二式複座水上偵察機／愛知 二式単座水上偵察機………28
川崎 試作艦上偵察機／三菱 特殊艦上偵察機 [2MR5]………29
愛知 H型試作艦上戦闘機／川崎 第三義勇号飛行艇 [KDN-1]………30
中島 三式艦上戦闘機 [A1N]………31
横須賀工廠 三式陸上初歩練習機 [K2Y]／愛知 九〇式一号水上偵察機 [E3A]………32
広廠 八九式飛行艇 [H2H]／三菱 八九式艦上攻撃機 [B2M]………33
中島 九〇式二号水上偵察機 [E4N]………34

## 第二章
## 飛躍～航空自立期………35

広廠 九〇式一号飛行艇 [H3H]／川西 九〇式二号飛行艇 [H3K]………36
中島 九〇式艦上戦闘機 [A2N/A3N]………37
川西(横廠) 九〇式三号水上偵察機 [E5K]／三菱 九〇式機上作業練習機 [K3M]………38
横廠 九〇式水上練習機 [K4Y]／横廠 九〇式水上偵察機 [E6Y]………39
広廠 九〇式飛行艇 [H4H]／航空廠/中島 六試艦上特殊爆撃機………40
愛知 六試小型夜間偵察飛行艇 [AB-4]………41
横廠 九一式中間練習機／中島 六試複座戦闘機 [NAF]………42
三菱 七試艦上戦闘機 [1MF10]………43
中島 七試艦上戦闘機／三菱 七試単発艦上攻撃機………44
中島 七試艦上攻撃機／愛知 七試艦上攻撃機 [AB-8]………45
航空廠 九二式艦上攻撃機 [B3Y]………46
三菱 九三式陸上攻撃機 [G1M]………47
航空廠 九三式中間練習機 [K5Y]………48
川西 九四式水上偵察機 [E7K]………49

愛知 七試水上偵察機 [AB-6] ／中島 八試特殊爆撃機 [D2N] ……… 50
愛知 九四式艦上爆撃機 [D1A] ……… 51
中島 フォッカー式陸上偵察機 [C2N] ／川西 八試水上偵察機 [E8K] ……… 52
中島 九五式水上偵察機 [E8N] ……… 53
中島 八試艦上複座戦闘機 [NAF-2] ／三菱 八試艦上複座戦闘機……… 54
広廠 九五式陸上攻撃機 [G2H] ……… 55
中島 九五式艦上戦闘機 [A4N] ……… 56
三菱 八試特殊偵察機 [カ-9/G1M] ……… 57
三菱 九試単座戦闘機 [カ-14] ……… 58
中島 九試単座戦闘機／中島 九試艦上攻撃機 [B4N] ……… 59
三菱 九六式艦上戦闘機 [A5M] ……… 60
三菱 九試艦上攻撃機 [カ-12/B4M] ／川西 九試夜間水上偵察機 [E10K] ……… 62
愛知 九六式水上偵察機 [E10A] ……… 63
三菱 九六式陸上攻撃機 [カ-15/G3M] ……… 64
中島 LB-2試作長距離爆撃機／セバスキー 2PA-B3 複座戦闘機……… 66
航空廠 九六式艦上攻撃機 [B4Y] ……… 67
愛知 九六式艦上爆撃機 [D1A2] ……… 68
渡辺 九六式小型水上機 [E9W] ……… 69
中島 九七式艦上攻撃機 [B5N] ……… 70
三菱 九七式二号艦上攻撃機 [B5M1] ……… 72
中島 九七式艦上偵察機 [C3N1] ……… 73
川西 十一試水上中間練習機 [K6K] ／渡辺 十一試水上中間練習機 [K6W] ……… 74
瓦斯電 千鳥号特用輸送機 [KR-2] ／航空廠 実験用飛行機 [MXY1] ……… 75
三菱 十一試機上作業練習機 [K7M] ……… 76
愛知 九八式水上偵察機 [E11A] ……… 77
川西 十一試特殊水上偵察機 [E11K] ……… 78
三菱 九八式陸上偵察機 [C5M] ……… 79
川西 九七式飛行艇 [H6K] ……… 80
航空廠 九九式飛行艇 [H5Y] ……… 82
中島 十一試艦上爆撃機 [D3N] ／航空廠 十二試特殊飛行艇 [H7Y] ……… 83
愛知 九九式艦上爆撃機 [D3A] ……… 84
三菱 零式観測機 [F1M] ……… 86
愛知 十試水上観測機 [F1A] ／中島 十二試二座水上偵察機 [E12N] ……… 88
愛知 十二試二座水上偵察機 [E12A] ……… 89
航空廠 零式小型水上機 [E14Y] ……… 90
川西 十二試三座水上偵察機 [E13K] ……… 91
愛知 零式水上偵察機 [E13A] ……… 92
川西 零式水上初歩練習機 [K8K] ……… 94
渡辺、日飛 十二試水上初歩練習機 [K8W、K8N] ／日飛 十三試小型輸送機 [L7P] ……… 95
三菱 零式艦上戦闘機 [A6M] ……… 96
昭和 零式輸送機 [L2D] ……… 100
三菱 一式陸上攻撃機 [G4M] ……… 102
渡辺 二式練習用戦闘機 [A5M4-K] ……… 104
二十一空廠 零式練習用戦闘機 [A6M2/M5-K] ……… 105
航空廠 艦上爆撃機『彗星』[D4Y] ……… 106
中島 夜間戦闘機『月光』[J1N1-S] ……… 108
中島 十三試陸上攻撃機『深山』[G5N] ……… 110
川西 二式飛行艇 [H8K] ……… 112
愛知 二式練習用飛行艇 [H9A] ……… 114
中島 二式水上戦闘機 [A6M2-N] ……… 115
渡辺 二式陸上中間練習機 [K10W] ……… 116

渡辺 二式陸上初歩練習機『紅葉』[K9W]………117
川西 水上戦闘機『強風』[N1K]………118
川西 水上偵察機『紫雲』[E15K]………120

## 第三章
# 激闘～太平洋戦争期………121

三菱 局地戦闘機『雷電』[J2M]………122
中島 艦上攻撃機『天山』[B6N]………124
空技廠 陸上爆撃機『銀河』[P1Y]………126
愛知 水上偵察機『瑞雲』[E16A]………128
愛知 艦上攻撃機『流星』[B7A]………130
川西 局地戦闘機『紫電』[N1K1-J、K2-J]………132
福田『光』6・2型滑空機／日本小型飛行機 力型『若桜』滑空機………135
空技廠 MXY3,4滑空標的機………136
空技廠 MXY5特殊輸送機………137
渡辺 機上作業練習機『白菊』[K11W]………138
中島 艦上偵察機『彩雲』[C6N]………140
三菱 艦上（局地）戦闘機『烈風』[A7M]………142
愛知 特殊攻撃機『晴嵐』[M6A]………144
九州 陸上哨戒機『東海』[Q1W]………146
中島 十八試局地戦闘機『天雷』[J5N]………148
日本小型飛行機 練習用滑空機『若草』[MXJ1]／川西 輸送飛行艇『蒼空』[H11K]………150
三菱 十七試局地戦闘機『閃電』[J4M]／空技廠 MXY-6実験機………151
九州 十八試局地戦闘機『震電』[J7W]………152
中島 十八試陸上攻撃機『連山』[G8N]………154
川西 十八試甲戦闘機『陣風』[J6K]／三菱 陸上哨戒機『大洋』[Q2M]………156
空技廠 十八試陸上偵察機『景雲』[R2Y]………157
愛知 十八試丙戦闘機『電光』[S1A]………158
空技廠 練習用爆撃機『明星』[D3Y]………159
空技廠 特別攻撃機『桜花』[MXY7]………160
中島 特殊攻撃機『橘花』………162
三菱 局地戦闘機『秋水』[J8M／キ200]………164
中島 超遠距離爆撃機『富嶽』／川西 特殊攻撃機『梅花』………166

## 第四章
# 海軍航空隊関連資料一覧………167

日本海軍機の命名基準………168
日本海軍の輸入機………170
日本海軍機の製造会社………174
日本海軍機の発動機………176
日本海軍機の射撃兵装………182
日本海軍機の爆弾、魚雷………184
日本海軍の航空機用無線通信兵器………186
日本海軍機の塗装・マーキング………188
日本海軍の航空母艦………192
日本海軍航空隊の組織・編成………198
日本海軍搭乗員の飛行装具………200
日本海軍航空隊の戦歴………202

第一章扉線画…一〇式艦上戦闘機
第二章扉線画…九六式一号艦上戦闘機
第三章扉線画…艦上攻撃機『天山』一二型

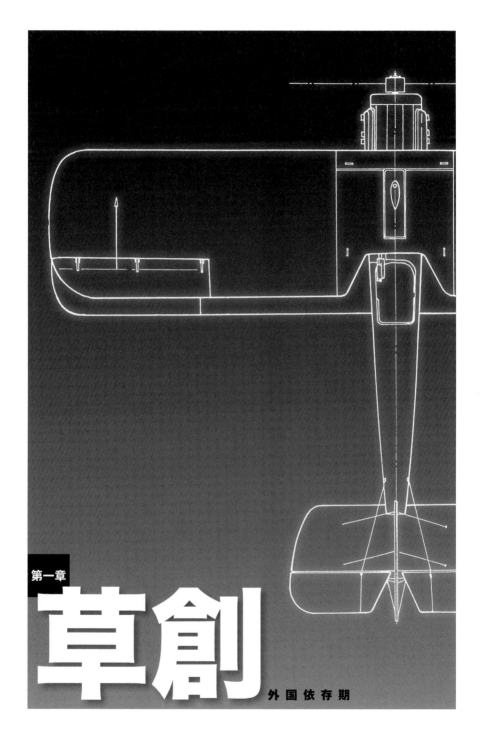

第一章
# 草創
**外国依存期**

第一章 草創 外国依存期

## モーリス・ファルマン 1912年型水上機

日本海軍航空隊として、最初の飛行を記録し、且つ最初の実戦使用機となった機体。明治45年(1912年)6月、フランスに派遣された金子養三、梅北兼彦両大尉が、モーリス・ファルマン社から2機を購入、船着後、海軍航空隊発祥の地、神奈川県・横須賀の追浜基地で組み立てられ、11月6日、金子大尉の操縦により初飛行に成功した。

その後、2機を追加購入したあと国産化され、大正3年(1914年)9月の青島攻略戦に投入され、海軍最初の実戦使用機となった。

**諸元/性能**
全幅：15.50m、全長：10.14m、全高：3.82m、全備重量：855kg、発動機：ルノー空冷V型8気筒(70hp)×1、最大速度：85km/h、航続時間：3hr.、武装：―、爆弾：―、乗員：2名

## カーチス 1912年型水上機

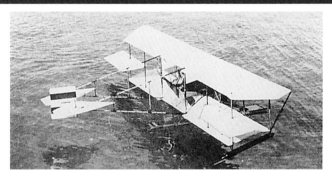

モーリス・ファルマン1912年型水上機と同じく、海軍航空術研究委員会のメンバーがアメリカに派遣され、最初の実用機とするべく、明治45年にカーチス社から2機購入したのが本機。同年11月12日の観艦式当日、モーリス・ファルマン機とともに、海軍最初の公式飛行展示を行った。その後、海軍工廠にて国産化され、一定数がつくられている。

**諸元/性能**
全幅：11.348m、全長：8.458m、全高：2.496m、全備重量：745kg、発動機：カーチスO型液冷V型8気筒(75hp)×1、最大速度：79km/h、航続時間：3.0hr.、武装：―、爆弾：―、乗員：2名

## ドゥペルデュッサン 1913年型水上機

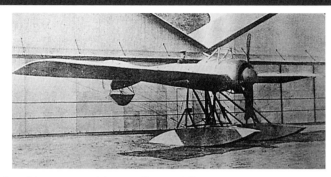

　大正3年(1914年)、フランスに派遣された、第一期航空術研究員の1人井上二三雄中尉が、練習用機として選定、購入した機。当時としては、進歩的な牽引式単葉形態の水上機で、最大速度111km/hはモーリス・ファルマン、カーチス両複葉機を大きく凌いだ。しかし、反面離着水時の安定性に欠け、のちに国産化して1機つくられたが、研究機扱いのまま終わった。

**諸元/性能**
全幅：13.61m、全長：8.85m、全高：3.20m、全備重量：980kg、発動機：ノームデルタ空冷回転式9気筒(100hp)×1、最大速度：111km/h、航続時間：4.0hr、武装：―、爆弾：―、乗員2名

## モーリス・ファルマン 1914年型水上機

　1912年型につづき、海軍が大正3年にフランスから購入した3人乗り大型水上機。基本設計は1912年型に準じており、同機をスケールアップした機体といえる。船着後、ただちに水上機母艦『若宮丸』に搭載され、1912年型とともに青島攻略戦に参加した。
　堅実な設計で安定性がよく、のちに横須賀工廠が国産化して一定数生産した。国産機の一部は、エンジンをドイツのベンツ式に換装した。大正4年(1915年)3月、追浜基地を基点にする、8時間の長距離周回飛行に成功し、その性能を実証した。のちに口号乙型水上機と改称される。

**諸元/性能**
全幅：19.50m、全長：9.50m、全高：4.00m、全備重量：1,363kg、発動機：ルノー空冷V型12気筒(100〜120hp)×1、最大速度：96km/h、航続時間：4.5〜6.5hr、武装：―、爆弾：―、乗員：3名

第一章 **草創** 外国依存期

# 横須賀工廠 日本海軍式水上機（大正2年）

　輸入機の組み立てを担当していた、海軍横須賀工廠造兵部飛行機工場が、その経験をもとに、大正2年（1913年）秋に完成させた、最初の国産機。中島知久平機関大尉が主任となって設計され、外観はカーチス式1912年型に準じ、主翼、座席まわりをモーリス・ファルマン式とした。いわば折衷版といえる機体だった。エンジンは、カーチス式1912年型と同じ液冷V型8気筒（75hp）を搭載した。1機だけ造られたが、詳しいデータは不詳。

**諸元/性能**
不詳

# 横須賀工廠 中島式トラクター水上機（大正4年）

　日本海軍式水上機につづいて、横須賀工廠造兵部飛行機工場が、中島機関大尉を設計主務者として試作した水上機。エンジンとプロペラが操縦席の前に位置する、いわゆる牽引（トラクター）式形態を採用した、日本最初の国産機でもあった。大正4年（1915年）〜5年（1916年）にかけて計3機がつくられたが、1号機が墜落するなど、実用性に疑問があって、実験機の段階にとどまった。

**諸元/性能**
全幅：19.00m、全長：9.00m、全高：―m、全備重量：―kg、発動機：ベンツF-D液冷直列6気筒（100hp）×1、最大速度：100km/h、航続時間：―hr.、武装：―、爆弾：―、乗員：2名

## 横須賀工廠 双発水上機(大正5年)

　中島機関大尉が提唱する魚雷投下可能な水上機、すなわち、のちの雷撃機の実験用に製作された。サルムソン2M-7液冷エンジン(200hp)2基装備の、全幅20m、全長12mにおよぶ大型機で、大正5年4月に完成した。だが当時、このような大型双発水上機を操縦できる搭乗員がおらず、水上滑走テストだけの不本意な結果に終わってしまった。

**諸元/性能**
不詳

## ソッピース シュナイダー水上戦闘機(大正5年)

　日本海軍が保有した最初の水上戦闘機。イギリスに派遣された山内四郎大佐が、研究用に1機購入し、大正5年5月に船着した。最大速度が150km/h近い、当時としてはかなりの高速水上機で、海軍はハ号小型水上機の名称を付与して国産化を決定、一定数がつくられた。大正7年、桑原虎雄大尉の操縦する本機が、海軍機として最初の宙返りを行ったことも、当時は大きな話題となった。なお、エンジンを80hpにパワー・ダウンした、車輪付き陸上戦闘機も製作されている。

**諸元/性能**
全幅:7.22m、全長:6.63m、全高:3.00m、全備重量:700kg、発動機:ル・ローン空冷回転式星型9気筒(110hp)×1、最大速度:148km/h、航続距離:2.5～2.7hr、武装:7.7mm機銃×1、爆弾:—、乗員:1名

第一章 草創 外国依存期

## 横須賀工廠 ホ号乙型水上機（大正5年）

　先の中島式水上機の経験をもとに、横須賀工廠造兵部飛行機工場が、大正5年（1916年）1月に完成させた、爆撃任務もこなせる大型牽引式単発水上機。発動機は、フランスから購入した、当時最強馬力を誇ったサルムソン2M-7（200hp）を搭載した。大正8～9年にかけて、発動機をプジョー（220hp）に換装した2機を含めて計4機製作され、実験機として扱われた。制式名称のホ号は研究/実験用機を示す。

**諸元/性能**
全幅：21.00m、全長：9.60m、全高：4.12m、全備重量：―kg、発動機：サルムソン2M-7液冷星型7気筒（200hp）×1、最大速度：96km/h、航続時間：11hr、武装：―、爆弾：不詳、乗員：2名

## 横須賀工廠 ホ号小型水上機（大正6年）

　ホ号乙型の基本設計を踏襲し、機体をずっとコンパクトにまとめた水上偵察機。大正7年（1918年）に1機だけ製作され、主に速度性能研究機として扱われた。当時は、低速だが安定感のある、モーリス・ファルマン複葉機のような推進式形態が好まれ、本機のような高速の牽引式形態機は敬遠されていた。

**諸元/性能**
全幅：14.60m、全長：9.95m、全高：3.62m、全備重量：1,364kg、発動機：サルムソンM-9液冷星型9気筒（130hp）×1、最大速度：124km/h、航続時間：6.5hr、武装：―、爆弾：―、乗員：2名

## ショート184水上雷・爆撃機（大正5年）

　第一次世界大戦中、イギリス海軍の水上雷・爆撃機として活躍した機体で、史上最初の魚雷投下に成功した航空機として有名。大正5年に山内四郎大佐が1機購入し、のちに横須賀工廠において発動機の異なる少数機が組み立てられた。牽引式形態の単発機だが雷・爆撃機というだけあって、サイズは大きく、重量も2トンに達するヘビー級だった。爆弾は235kgまで、魚雷は14インチ（367kg）1本を懸吊できた。

**諸元/性能**
全幅：19.50m、全長：12.70m、全高：3.76m、全備重量：2,000kg、発動機：ルノーV8液冷V型8気筒（220hp）×1、最大速度124km/h、航続時間：6.0hr.、武装：7.7mm機銃×1、爆弾：235kg、14in.魚雷×1、乗員：2名

## ソッピース3パップ戦闘機（大正7年）

　パップは、第一次世界大戦前半期のイギリス航空隊主力機として、広くその名を知られており、日本陸、海軍も大正7年に相次いで購入、実用機として使った。陸軍は50機すべてを輸入で賄ったが、海軍は最初の1機を除き、横須賀工廠にて少数を組み立てた。正確な数は不詳。大正9年（1920年）、最初の宙返り飛行で知られた桑原大尉が、本機を操縦し戦艦『山城』の特設滑走台から、初めて合成風力を用いての発艦に成功した。

**諸元/性能**
全幅：8.12m、全長：5.86m、全高：2.50m、全備重量：538kg、発動機：ル・ローン空冷回転星型9気筒（80hp）×1、最大速度：148km/h、航続時間：2.0hr.、武装：7.7mm機銃×1、爆弾：―、乗員：1名

# 横須賀工廠 ロ号甲型水上偵察機(大正6年)

　中島機関大尉とともに、海軍航空機設計者の草分けの1人だった馬越喜七大尉が、それまでの経験をもとに、実用性を重んじた水上偵察機として試作したのが本機。機体設計の基本は、ショート184を参考にした感が強く、発動機はサルムソンM-9(130hp)を搭載して、大正6年秋に完成した。テストの結果は非常な好成績で、速度、上昇性能は従来までの輸入、国産化機を大きく凌ぎ、運動性、安定性なども申し分なく、ただちに制式採用、量産が決定した。

　量産機は、三菱内燃機(株)が国産化したイスパノスイザ液冷V型8気筒発動機(200hp)に変更して、さらに性能向上した。

　大正8年(1919年)4月、追浜〜呉〜鎮海〜佐世保のコースを往復する長距離飛行に挑み、復路の佐世保〜追浜間は、紀伊半島沖を迂回するコースに変更し、これを11時間35分で翔破する、当時としては驚異的な記録を樹立して、その名声を高めた。

　生産は、横須賀工廠の他、民間の中島飛行機、愛知時計電機でも行われ、大正13年にかけて合計218機という、従来機と桁違いの多数がつくられた。大正12年の名称変更により、横廠式水上偵察機と改称した。

　海軍最初の国産量産機であり、その優れた性能とともに、揺籃期を代表する機体といってよい。

### 諸元/性能
全幅:15.69m、全長:10.16m、全高:3.66m、全備重量:1,628kg、発動機:三菱ヒ式液冷V型8気筒(200hp)×1、最大速度:156km/h、航続距離:778km、武装:7.7mm機銃×1、爆弾:—、乗員:2名

# 横須賀工廠 イ号甲型水上練習機(大正8年)

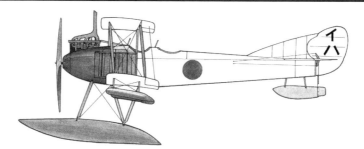

　成功作、ロ号甲型水偵を生んだ馬越大尉が、旧式化したモーリス・ファルマン複葉機に代わる、牽引式形態の練習機として設計したのが本機。基本的には、ロ号甲型水偵をスケール・ダウンしたものといえるが、上、下主翼の取付位置を、少し前、後にズラした、いわゆる"スタッガー配置"にした点が目新しかった。
　ロ号甲型が基本だけに、性能、安定性など申し分なく、すぐに制式採用され、大正9年～13年にかけて計70機という多数がつくられた。

**諸元/性能**
全幅：13.78m、全長：9.75m、全高：3.25m、全備重量：1,124kg、発動機：瓦斯電ベンツF-D液冷直列6気筒(130hp)×1、最大速度：124km/h、航続時間：3.0hr.、武装：―、爆弾：―、乗員：2名

# アブロ 陸上/水上練習機(大正10年)

　大正10年(1921年)、イギリスから招聘した、センピル大佐を長とする航空教育団が携えてきた教材のひとつ。第一次世界大戦中の傑作機と称賛された機体だけに高く評価され、海軍がイギリスから陸上型68機、水上型10機を輸入したほかに、中島、愛知でもライセンス生産され、総計368機もの多数が調達された。大正時代を代表する海軍機といってよい。

**諸元/性能**　※陸上型を示す
全幅：10.97m、全長：8.81m、全高：3.17m、全備重量：849kg、発動機：瓦斯電ル・ローン空冷回転星型9気筒(120hp)×1、最大速度：140km/h、航続時間：3.0hr.、武装：―、爆弾：―、乗員：2名

# 第一章 草創 外国依存期

## グロスター スパローホーク 艦上戦闘機（大正10年）

イギリス航空教育団の教材として購入した機体のひとつだが、性能優秀だったことから制式採用され、半完成、部品に分けて計50機が輸入された。海軍最初の艦上戦闘機であったが、大正11年（1922年）に竣工した最初の航空母艦『鳳翔』には配備されず、もっぱら訓練機として使われた。同年、戦艦『山城』の主砲塔上に設けた特設滑走台から、合成風速なしの最初の自力発艦に成功したのも本機だった。

**諸元/性能**
全幅：8.53m、全長：5.94m、全高：3.10m、全備重量：926kg、発動機：ベントリーB.R.2空冷回転式星型9気筒(200hp)×1、最大速度：194km/h、航続時間：3.2hr.、武装：7.7mm機銃×2、爆弾：—、乗員：1名

## 横須賀/広工廠 F-5号飛行艇（大正10年）

海軍最初の制式実用飛行艇で、イギリスのショートF-5飛行艇を国産化した機体。当初は、ショート社から材料を輸入し、それを加工して組み立てたが、のちに発動機以外は全て国産部品を使って組み立てた。全幅31m、全長15m、重量5.6トンの本艇は、文句なしに当時海軍最大の実用機だった。生産は、横須賀、広の両工廠のほか、民間の愛知でも行われ、合計60機もの多きに達していた。昭和5年（1930年）頃まで現役にとどまった。

**諸元/性能**
全幅：31.59m、全長：15.03m、全高：5.80m、全備重量：5,627kg、発動機：ロールスロイス イーグル 液冷V型12気筒(360hp)×2、最大速度：165km/h、航続時間：8.0hr.、武装：7.7mm機銃×2、爆弾：400kg（爆雷も含む）、乗員：6名

# 三菱 一〇式艦上戦闘機 [1MF] (大正10年)

一〇式二号艦上戦闘機 [1MF3]

　先進国からの輸入機やライセンス生産機に頼るばかりでは、将来の展望が開けないと悟った海軍が、三菱に指示し、イギリスの主要メーカー、ソッピース社からハーバート・スミス技師以下8名の技術者を招聘し、設計を依頼して完成させた、一連の準国産機ともいうべき機体の第一号。

　1号機は大正10年 (1921年) 10月に完成し、テストの結果、成績優秀と判定され制式採用、量産が決定した。当然のことだが、機体はソッピース社製機の特徴を色濃く感じさせる、洗練された外観で、性能も、本家イギリス空軍主力戦闘機、ソッピース スナイプと比較しても見劣りしなかった。

　最初の生産型は、機首前面に蜂の巣型ラジエーターを付けていたが、のちに機首下面にランブラン式と称するラジエーターを付けるように改めた。前者を一〇式一号艦戦、後者を一〇式二号艦戦と称し、昭和3年 (1928年) にかけて、合計128機つくられた。なお二号型は、主翼、垂直尾翼形状なども改修されていて、外観はかなり変化していた。

　大正12年2月、イギリス海軍のジョルダン大尉が操縦する本機は、航空母艦『鳳翔』において、海軍最初の離、着艦を行ない、懸賞金1万円を獲得した。

　『鳳翔』に搭載される、最初の戦闘機隊も無論本機で編成され、海軍戦闘機隊の基礎を確立したという点においても、意義のある存在だった。

**諸元/性能** ※二号型を示す
全幅：8.50m、全長：6.90m、全高：3.10m、全備重量：1,280kg、発動機：三菱ヒ式 (イスパノスイザ) 液冷V型8気筒 (300hp)×1、最大速度：215km/h、航続時間：2.5hr.、武装：7.7mm機銃×2、爆弾：―、乗員：1名

# 三菱 一〇式艦上偵察機 [2MR] (大正11年)

　一〇式艦戦と同じ主旨のもとに開発された機体で、設計主務者も同じハーバート・スミス技師。設計的には、一〇式艦戦をひと回り大きくし、複座にした機体といってよく、発動機も同じだった。1号機は大正11年（1922年）1月に完成し、成績良好と判定され、ただちに制式採用、量産が決定された。

　一〇式艦戦と同様の経緯で、ラジエーターの相違により一号型と二号型が生産された。ただ、偵察任務は艦上攻撃機を転用しても充分事足りたため、一〇式艦偵の多くは練習機に改造され、民間に払い下げられた機も多い。

**諸元/性能** ※一号型を示す
全幅：12.03m、全長：7.92m、全高：2.89m、全備重量：1,320kg、発動機：三菱ヒ式（イスパノスイザ）液冷V型8気筒（300hp）×1、最大速度：203km/h、航続時間：3.5hr、武装：7.7mm機銃×2、爆弾：90kg、乗員：2名

# 三菱 一〇式艦上雷撃機 [1MT] (大正11年)

　一〇式艦戦、一〇式艦偵とともに、ハーバート・スミス技師設計による、"一〇式トリオ"の最後を飾った機体。本機の特徴は、なんといっても、歴代海軍中唯一の三葉形態で、航空母艦の限られたスペース内に収容し、搭載量を大きく、運動性も良くしたいという理由から採用した。1号機は大正11年8月に完成、性能的には不満がなく、とりあえず制式採用されたが、実際に運用してみると、背が高すぎて整備に不便をきたすことがわかり、翌12年にかけて20機つくったところで、生産中止になった。

**諸元/性能**
全幅：13.25m、全長：9.77m、全高：4.45m、全備重量：2,500kg、発動機：ネピア ライオン 液冷W型12気筒（450hp）×1、最大速度：209km/h、航続時間：2.3hr、武装：―、爆弾：18in.魚雷×1、乗員：1名

## ハンザ・ブランデンブルグ 水上偵察機(大正11年)

　センプル航空教育団が携えてきた教材のなかには、水上偵察機が含まれていなかった。そのため、日本が第一次世界大戦戦勝国の一員の権利により、ドイツから押収した、ハンザ・ブランデンブルグW-29水上機の高性能に着目し、海軍が同機を国産化したのが本機。当時としては斬新な単葉形態が特徴で、その速度性能は陸上戦闘機に比較しても遜色はなかった。

　大正11年以降、民間の中島、愛知で計180機もつくられ、昭和5年頃まで使われた。のちに多数が民間に払い下げられている。

**諸元/性能**
全幅：13.57m、全長：9.28m、全高：2.99m、全備重量：2,100kg、発動機：三菱ヒ式(イスパノスイザE)液冷V型12気筒(200hp)×1、最大速度：168km/h、航続時間：4.0hr.、武装：7.7mm機銃×1、爆弾：120kg、乗員：2名

## 横須賀工廠 十年式水上偵察機(大正12年)

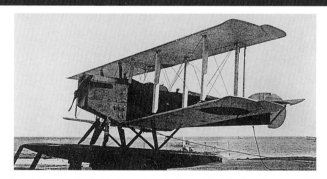

　F-5飛行艇の国産化を指導するために来日していた、イギリスのショート社技師団の1人、フレッチャー技師の指導のもと、横廠の技術者によって試作されたのが本機。大出力の400hp発動機を搭載し、定番だった後部補助浮舟を廃した洗練された外観が特徴。

　しかし、大正12年(1923年)に完成した2機をテストしたところ、重量過大で性能が悪く、改設計されることになり、十年式水偵の制式名称は付けられたものの、採用は見送られた。

**諸元/性能**
全幅：16.16m、全長：11.77m、全高：4.24m、全備重量：2,878kg、発動機：ロレーン一型液冷W型12気筒(400hp)×1、最大速度：157km/h、航続距離1,300km、武装：7.7mm機銃×1、爆弾：―、乗員：2名

# 三菱 一三式艦上攻撃機[B1M]（大正12年）

一三式二号艦上攻撃機二型[B1M2b]

　性能はともかく、取り扱いに不便をきたした三葉形態の一〇式艦上雷撃機を、実用的な複葉形態に設計し直し、リベンジを図ったのが本機。設計者は、むろん同じハーバート・スミス技師で、1号機は大正12年（1923年）に完成した。

　発動機の出力は450hpで変わらず、乗員が2名となって重量がかなり増したことなどもあり、速度、上昇性能などは一〇式艦雷と同じだったが、航続力は2倍に向上し、何よりも実用性が格段に優れていたことが決め手になり、ただちに制式採用、量産が下命された。なお、本機には雷撃機という名称は使われず、以降、雷撃と爆撃を行う機は、攻撃機と類別することにされた。

　部隊配備された一三式艦攻は非常な好評を博し、後継機八九式艦攻が不評だったこともあって、同機が就役したのちも、しばらくの間使われ続けた。生産型は、大別して一号、二号、三号の3種あり、発動機の違いに加え、機体各部も改修されていき、二号二型からは乗員3名となった。

　三菱における生産は、昭和7年（1932年）に404機で終了した。他に海軍の広工廠でも40機つくられており、合計444機にも達し、大正末～昭和初期にかけて、文句なしに海軍の代表機となった。昭和7年、上海事変に際し、初めて敵機と空中戦を交えたのも本機だった。

**諸元/性能** ※三号型を示す

全幅:14.78m、全長:10.12m、全高:3.52m、全備重量:2,900kg、発動機:三菱ヒ式液冷V型12気筒（450hp）×1、最大速度:198km/h、航続時間:5.0hr.、武装:7.7mm機銃×2、爆弾:480kg、又は18in.魚雷×1、乗員:3名

## 海防義会 KB飛行艇 （大正13年）

　当時、ようやく普及しつつあった、全金属製航空機の設計、製作技術を習得するため、義勇財団の海防義会、帝国大学（現：東京大学）航空研究所、陸軍、海軍が協力して試作したのが本艇。
　細身の艇体に、2枚の板状支柱で固定したパラソル形態の主翼を組み合わせる、斬新なスタイルが目を引いた。大正13年（1924年）に完成した本艇は、7回目のテスト飛行中に墜落して失われたが、当初の目的は達成したと評価された。

**諸元/性能** ※性能は計画値
全幅21.78m、全長：13.95m、全高：―m、全備重量：3,086kg、発動機：BMW-3A液冷直列6気筒（230hp）×2、最大速度：201km/h、航続距離：2,000km、武装：―、爆弾：―、乗員：4名

## 横須賀工廠 一三式練習機 （大正14年）

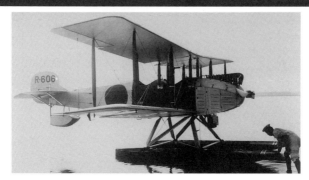

　実用機の性能向上につれて、練習機もそれに見合う新型機を、という意図のもとに、イ号甲型、およびアブロ練習機に代わる機体として、横廠が開発したのが本機。基本的にはアブロ練習機を範とし、各部を洗練し、発動機をパワー・アップしたものとみてよい。
　大正14年に1号機が完成、アブロ練習機を範としただけに、性能、実用性ともに申し分なく、ただちに制式採用、量産が下命された。生産は、横廠が6機製作したあとは民間に発注され、中島、川西、渡辺の各社をあわせて、計104機つくられた。車輪付きの陸上型と、双浮舟付きの水上型がある。

**諸元/性能** ※陸上型を示す
全幅：10.20m、全長：7.90m、全高：3.15m、全備重量：928kg、発動機：瓦斯電ベンツ液冷直列6気筒（130hp）×1、最大速度：143km/h、航続時間：3.0hr、武装：―、爆弾：―、乗員：2名

# 横須賀工廠 一四式水上偵察機(大正14年)

一四式二号水上偵察機[E1Y2]

重量過大による性能不足で、改設計を命じられた十年式水上偵察機は、大正14年(1926年)に同B型として完成した。本機をさらに改良した機体は、性能、実用性ともに格段に向上したことが確認され、15年(1926年)1月、晴れて一四式水上偵察機の名称で制式採用された。

部隊配備後の評価は高く、後継機の九四式水偵が就役するまで、10年もの長期にわたり、使用され続けた。日本海軍流三座水偵の基礎を築いた機体として、意義ある存在だった。生産数も、各社計320機にのぼる。

**諸元/性能** ※三号型を示す

全幅:14.23m、全長:10.73m、全高:4.19m、全備重量:2,800kg、発動機:ロレーン三型液冷W型12気筒(450hp)×1、最大速度:189km/h、航続距離:1,156km、武装:7.7mm機銃×1、爆弾:220kg、乗員:3名

# 中島 一五式水上偵察機(大正14年)

長期間使用されてきた、ハンザ式水偵に代わる新型機として、海軍が民間の愛知、中島も交えての競争試作を行ない、その中から採用したのが、中島製の本機。従来までの水偵と異なり、新たに実用化した射出機(カタパルト)から発進可能な、強固な構造を持つのが特徴で、戦艦、巡洋艦にも広く搭載されて活躍した。木製構造を採った最後の水偵でもあった。生産数は、川西での転換生産分30機を含め計80機。

**諸元/性能**

全幅:13.52m、全長:9.56m、全高:3.68m、全備重量:1,950kg、発動機:三菱ヒ式液冷V型8気筒(300hp)×1、最大速度:172km/h、航続時間:5.0hr.、武装:7.7mm機銃×1、爆弾:―、乗員:2名

## ロールバッハR 飛行艇（大正14年）

　全金属製大型機の設計、製作参考用として、海軍が大正14年（1925年）にドイツのロールバッハ社から、半完成、部品の状態で7機分購入したのが本機。発動機、機体各部の相違によりR-1、-2、-3の三型式あった。

　矩形断面の船型艇体に、大面積の矩形主翼を組み合わせたスタイルは、それなりに進歩的ではあったが、重量過大、凌波性不良、離水困難などの欠点も少なくなく、実用飛行艇として扱うには問題があった。ただし、ワグナー式と呼ばれた主翼構造は、その後の海軍大型機設計上大いに参考になった。

**諸元/性能**　※R-3型を示す
全幅：29.10m、全長：17.67m、全高：5.20m、全備重量：6,690kg、発動機：広廠 ロレーン二型液冷W型12気筒（450hp）×2、最大速度：185km/h、航続時間：12.0hr.、武装：7.7mm機銃×2、爆弾：―、乗員：6名

## 広廠 一五式飛行艇［H1H］（昭和2年）

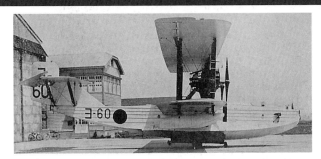

　旧式化したF-5号飛行艇に代わる機体として、海軍広工廠が橋口義男造兵大尉を主務者にして設計したのが本機。全体的には、F-5号を基本にし、その後のショート社の新技術を採り入れ、各部を洗練したものといえる。

　1号機は昭和2年（1927年）秋に完成し、テストの結果、性能、実用性ともに概ね良好と判定され、制式採用、量産が下命された。生産は、広廠のほか横廠、愛知でも行われ、合計65機程度つくられた。本機は、木製構造飛行艇としては最後の機体になる。

**諸元/性能**　※二号型を示す
全幅：22.97m、全長：15.92m、全高：5.19m、全備重量：5,500kg、発動機：ロレーン三型液冷W型12気筒（450hp）×2、最大速度：172km/h、航続時間：11.0hr.、武装：7.7mm機銃×2、爆弾：400kg、乗員：6名

# 横須賀工廠 全金属製辰号水上偵察機（大正14年）

　大正13年、ハンザ式水偵にかわる新型機として、愛知、中島機とともに競争試作に加わった機体。ハンザ式水偵とドルニエ社の全金属製機を参考にした外観、構造をもつ、非常に進歩的設計が目を引いたが、安定性に難があり、本機の設計主務者、横田技師も携ったKB飛行艇の墜落事故もあって、全金属製構造に不安を抱かせ、不採用になった。

### 諸元/性能
全幅：15.00m、全長：9.15m、全高：3.60m、全備重量：2,100kg、発動機：三菱ヒ式液冷V型8気筒（300hp）×1、最大速度：172km/h、航続距離：―、武装：7.7mm機銃×1、爆弾：―、乗員：2名

# 愛知 一五式甲型水上偵察機（巳号）（大正14年）

　中島の一五式乙型、横廠の辰号とともに大正13年度の、ハンザ式水偵に代わる後継機競争試作に応じた機体。辰号は全金属製だったが、本機は木製主材骨組みで、胴体は合板、主・尾翼の外皮は羽布張りという従来構造を採った。外観は、主翼を除けばハンザ式水偵とそっくりで、各部を相応に洗練した程度の違い。計4機製作され、速度、上昇性能は中島機を凌いだが、安定性に欠け、不採用になった。

### 諸元/性能
全幅：13.63m、全長：9.48m、全高：3.28m、全備重量：1,700kg、発動機：三菱ヒ式液冷V型8気筒（300hp）×1、最大速度：180km/h、航続距離：―、武装：7.7mm機銃×1、爆弾：―、乗員：2名

## 横須賀工廠 一号水上偵察機（昭和2年）

　第一次世界大戦中、ドイツ海軍が発案した、潜水艦に航空機を搭載し偵察に活用するという構想に着目した日本海軍が、大正12年（1923年）同国から輸入したハインケル社の潜水艦搭載用小型機を参考に、横須賀工廠が同14年に試作した機体。胴体、主翼、浮舟が簡単に着脱できる点が特徴で、組み立ては4分、分解は5分しか要しない。完成後、実際に潜水艦を搭載してテストし、運用の可能性が確認された。制式名称は付与されたが実験機扱いとされ、試作は1機のみ。

**諸元/性能** ※R-3型を示す
全幅：7.20m、全長：6.20m、全高：2.39m、全備重量：520kg、発動機：瓦斯電ル・ローン空冷回転式星型9気筒（80hp）×1、最大速度：154km/h、航続時間：2.0hr.、武装：―、爆弾：―、乗員：1名

## 三菱 鷹型試作艦上戦闘機［1MF9］（昭和2年）

　一〇式艦戦の後継機を得るため、大正15年に海軍が指示した競争試作に応じ、三菱が開発したのが本機。外国人技師の助けを借りず、三菱の技術陣が独力で設計した、最初の艦上戦闘機でもある。外観は、当時の標準的複葉形態だったが、海軍の要求により不時着水時に備え、胴体、下翼を水密構造にし、前者を滑水底面に、また、離脱式降着装置を採るなどしたため、重量が計画値を大きく超過して性能が低くなり、不採用となった。

**諸元/性能**
全幅：10.80m、全長：8.44m、全高：3.30m、全備重量：1,710kg、発動機：三菱ヒ式液冷V型12気筒（450hp）×1、最大速度：244km/h、航続時間：3.5hr.、武装：7.7mm機銃×2、爆弾：60kg、乗員：1名

# 愛知 二式複座水上偵察機（大正15年）

　射出機（カタパルト）がまだ実用化されていなかった大正15年（1926年）、戦艦、巡洋艦の主砲塔上に設けた、特設滑走台からも発進できる水偵として、ドイツのハインケル社から購入、その後、愛知にて国産化されたのが本機。ハインケル社の機体名称はHD-25と称した。単発複葉機としてはかなり大型で、全備重量は2.3トンに達したが、性能は優れていた。昭和3年（1928年）までに14機つくられたが、その後、ほどなくして射出機が実用化したため、使用中止になった。

### 諸元／性能
全幅：14.85m、全長：9.68m、全高：4.26m、全備重量：2,343kg、発動機：ネピア ライオン液冷W型12気筒（450hp）×1、最大速度：204km/h、航続時間：3.5hr、武装：7.7mm機銃×2、爆弾：120kg、乗員：2名

# 愛知 二式単座水上偵察機（大正15年）

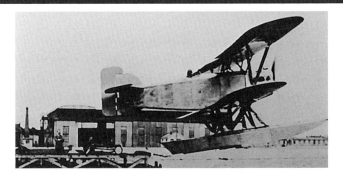

　二式複座水偵とともに、ドイツのハインケル社から2機購入し、同様の目的で実用を試みた機体。ハインケル社の名称はHD-26で、HD-25が複座なのに対し、本機は単座で、機体サイズ、重量ともにひとまわり小さかった。性能は満足すべきもので、昭和2年に一応制式名称も付与されたが、国産化は行なわれず、テストされたのみにとどまった。

### 諸元／性能
全幅：11.80m、全長：8.30m、全高：3.60m、全備重量：1,526kg、発動機：イスパノスイザ液冷V型8気筒（300hp）×1、最大速度：183km/h、航続時間：5.0hr、武装：7.7mm機銃×1、爆弾：―、乗員：1名

## 川崎 試作艦上偵察機(昭和3年)

　本来は、陸軍機専門メーカーであるはずの川崎航空機工業(株)が、義勇財団『海防義会』の献金をうけて製作した、風変わりな経緯の研究機。先のKB飛行艇と同様の主旨で全金属製機の設計、製作技術を習得するためであった。設計は、海軍技研航空研究部が行ない、昭和3年に完成した機は、三角形断面の細い胴体も備えるなど斬新なスタイルだった。しかし、実用性が低く、テストも早々に中止された。

### 諸元/性能　※性能は計算値
全幅：16.60m、全長：10.65m、全高：3.18m、全備重量：1,800kg、発動機：三菱ヒ型液冷V型12気筒(450hp)×1、最大速度：262km/h、航続時間：3.0hr.、武装：―、爆弾：―、乗員：2名

## 三菱 特殊艦上偵察機[2MR5](昭和2年)

　建造中の大型航空母艦『赤城』に搭載するべき、新型艦上偵察機候補として、海軍は三菱を通じてフランスからルバッスール マラン艦偵を購入。その適否をテストしたが、同時にマランを参考にした国産機の開発を三菱に指示、昭和2年に完成したのが本機。水密構造の胴体、下翼、離脱式降着装置、スロッテッド補助翼など、マランに準じた斬新な設計だったが、テストの結果、操縦性が不良とわかり、不採用になった。

### 諸元/性能
全幅：10.20m、全長：7.15m、全高：―、全備重量：1,400kg、発動機：三菱ヒ式液冷V型8気筒(300hp)×1、最大速度：193km/h、航続時間：5.0hr.、武装：―、爆弾：―、乗員2名

# 愛知 H型試作艦上戦闘機(昭和2年)

　大正15年、一〇式艦戦の後継機を得るために提示された、次期艦戦競争試作への応募機。独力設計に自信がなかったため、愛知が技術提携していたドイツのハインケル社に依頼、昭和2年夏に2機完成した。船着後、愛知にて各部に改修を加えて比較審査に臨んだが、水密構造、離脱式降着装置、プロペラ水平位置停止機構、スポイラーなどの斬新な設計はともかく、重量過大で性能は低く、不採用になった。ハインケル社における設計名称は、HD-23と称した。

**諸元/性能**
全幅:10.80m、全長:7.64m、全高:3.40m、全備重量:1,830kg、発動機:三菱ヒ式液冷V型12気筒(450hp)×1、最大速度:250km/h、航続距離:1,230km、武装:7.7mm機銃×2、爆弾:60kg、乗員:1名

# 川崎 第三義勇号飛行艇[KDN-1](昭和3年)

　テスト中に墜落して失われたKB飛行艇に代わる全金属製機研究用として、海防義会の献金により、海軍、民間各層が協力して設計、川崎航空機が製作を担当して、昭和3年に完成したのが本艇。全体的には、川崎が技術提携していた、ドイツのドルニエ社"ワール"飛行艇を参考にした設計で、性能はまずまずだったが、振動、故障多発がネックとなり、テストは中止、艇体を分解して、研究材料に供された。

**諸元/性能**
全幅:29.50m、全長:19.97m、全高:5.27m、全備重量:8,600kg、発動機:川崎BMW-6a液冷V型12気筒(500hp)×1、最大速度:200km/h、航続距離:最大3,000km、武装:7.7mm機銃×3、爆弾:500kg、乗員:5〜10名

# 中島 三式艦上戦闘機 [A1N] (昭和3年)

　三菱の鷹型、愛知のH型とともに、一〇式艦戦の後継機を得るための競争試作に参加した、中島飛行機の作品が本機。もっとも、原設計は同社ではなく、イギリスのグロスター社に依頼したガムベット艦戦を、日本到着後に、中島が海軍規格に沿うように各部を改修した機体というのが真実。

　ガムベット艦戦も、もとをただせば、イギリス空軍向けのゲームコック戦闘機を改造した機体であり、構造的にはやや旧式の感は否めなかった。しかし三菱機と愛知機が、斬新な反面、重量過大で低性能をかこったのに対し、中島G型機（グロスター社の頭文字をとって、このように呼ばれた）の性能は卓越しており、実用性もすでにゲームコックが折り紙付きだったから申し分なく、昭和4年4月、三式艦上戦闘機として制式採用を勝ち取った。

　最初に生産された一号型は、同じ中島のライセンス生産発動機『ジュピター6』420hpを搭載していたが、昭和5年には少し出力向上した『ジュピター7』に換装され、三式二号艦上戦闘機となった。

　昭和7年（1932年）の上海事変において、一三式艦攻とともに日本海軍機として最初の空中戦を演じたのも本機で、このとき、最初の敵機撃墜も記録した。

　後継機の九〇式艦戦が3年後に就役したため、第一線機としての活動期間は長くなく、海軍工廠も含めた生産数は約100機にとどまった。

**諸元/性能** ※一号型を示す
全幅：9.67m、全長：6.49m、全高：3.25m、全備重量：1,450kg、発動機：中島ジュピター6 空冷星型9気筒（520hp）×1、最大速度：239km/h、航続時間：2.5hr.、武装：7.7mm機銃×2、爆弾：60kg、乗員：1名

## 横須賀工廠 三式陸上初歩練習機［K2Y］(昭和4年)

 実用機の性能向上にあわせ、旧式化が目立ってきたアブロ504系に代わる新型練習機として、昭和4年に完成したのが本機。機体の基本設計はアブロ504に準じ、発動機を少し馬力の大きい三菱/モングース130hpに換装、主翼、降着装置、尾翼などに相応の洗練をくわえたものといえる。
 テストの結果、性能、実用性ともに申し分なく、昭和5年(1930年)1月に制式採用され、太平洋戦争初期まで長期にわたって使用された。生産数は360機。

**諸元/性能** ※一号型を示す
全幅：10.97m、全長：8.67m、全高：3.11m、全備重量：865kg、発動機：三菱モングース 空冷星型5気筒(130hp)×1、最大速度：156km/h、航続時間：4.2hr.、武装：―、爆弾：―、乗員：2名

## 愛知 九〇式一号水上偵察機［E3A］(昭和4年)

 旧式化した一五式水偵にかわる、巡洋艦搭載用の射出機発進可能な新型水偵を得るため、昭和3年(1928年)に海軍から提示された競争試作への応募機。原型は、ドイツのハインケルHD-56で、愛知が同機を国産化したもの。海軍は、一応昭和6年(1931年)12月に制式採用を決め、生産発注もしたが、使ってみると意外に実用性が低く、わずか12機つくられただけにとどまった。

**諸元/性能**
全幅：11.10m、全長：8.45m、全高：3.67m、全備重量：1,600kg、発動機：瓦斯電『天風』空冷星型9気筒(300hp)×1、最大速度：199km/h、航続距離：754km、武装：7.7mm機銃×2、爆弾：60kg、乗員：2名

## 広廠 八九式飛行艇 [H2H]（昭和5年）

　長期にわたって使用してきた一五式飛行艇にかわる機体として、昭和4年に広廠の岡村純造兵少佐を主務者にして、設計に着手したのが本機。KB、第三義勇号の前例もあり、時代に即応した全金属製構造を採ったが、まったくの独力では不安もあって、イギリスから輸入した、スーパーマリン サザンプトン飛行艇を参考に、一五式飛行艇の基本形態を踏襲していた。昭和5年秋に1号機が完成し、テストの結果、良好な成績を示したため制式採用せれた。ただ、設計的にはやや古く、生産数は17機にとどまった。

**諸元/性能** ※後期生産機を示す
全幅:22.12m、全長:16.25m、全高:5.96m、全備重量:6,500kg、発動機:広廠九〇式六百馬力液冷W型12気筒(600hp)×2、最大速度:196km/h、航続時間:13.0hr.、武装:7.7mm機銃×4、爆弾:500kg、乗員:6名

## 三菱 八九式艦上攻撃機 [B2M]（昭和5年）

　昭和3年(1928年)、海軍が一三式艦攻の後継機となる、次期新型艦攻の競争試作を提示したのに応え、三菱がイギリスのブラックバーン社に設計依頼し、昭和5年に船着したのが本機。全体的に、いかにもブラックバーン社らしい重厚なスタイルで、骨組み構造は全金属製だが、外皮は羽布張りだった。
　長期にわたる審査を経て、昭和7年(1932年)に制式採用されたが、不具合が多く、各部を大改修した二号型でようやく実用機らしくなった。生産数は204機で、日中戦争初期まで使われた。

**諸元/性能** ※二号型を示す
全幅:14.98m、全長:10.18m、全高:3.60m、全備重量:3,600kg、発動機:三菱ヒ式液冷V型12気筒(650hp)×1、最大速度:228km/h、航続距離:1,759km、武装:7.7mm機銃×2、魚雷/爆弾:800kg、乗員:3名

# 第一章 草創 外国依存期

## 中島 九〇式二号水上偵察機 [E4N] (昭和5年)

　一五式水偵の製造メーカー中島が、その後継機を得るための競争試作に応募した機体。愛知九〇式一号と同様、独力設計に自信がなかったため、アメリカから購入したボートO2Uコルセア水上観測機の製造権を買い取り、同じく中島が国産化した"ジュピター"エンジンを搭載して完成させた。いわば米、日、英3国による合作機といえる。

　中島は、O2Uそのままの設計機とは別に、浮舟を2つにした独自改設計機（二号一型）も造り、比較審査に臨んだが、後者は重量が増したこともあって性能が劣り、不採用になった。

　しかし、単浮舟型は強度不足の欠点を1年かけて改修した結果、性能、実用性ともに申し分ない機体となり、昭和6年12月、愛知機とともに九〇式二号水上偵察機二型の名称で制式採用された。

　愛知機が実用性に難があって少数生産にとどまったのに対し、本機は近距離用艦載水偵として好評を博し、浮舟のかわりに車輪を付けた陸上型（二号三型）5機を含め、中島で85機、川西で67機、計152機つくられ、日中戦初期まで長く使われた。

　上海事変を契機に制度化さた『報国号』献納機（民間各層からの献金によって調達される機体のこと）になったものも多く、当時の国民にもよく知られた機体である。

### 諸元/性能　※二号二型を示す

全幅：10.97m、全長：8.86m、全高：3.96m、全備重量：1,800kg、発動機：中島『寿』二型改一空冷星型9気筒（580hp）×1、最大速度：232km/h、航続距離：1,019km、武装：7.7mm機銃×2、爆弾：60kg、乗員：2名

# 第二章 飛躍
### 航空自立期

第二章 飛躍 航空自立期

## 広廠 九〇式一号飛行艇 [H3H]（昭和6年）

　飛行艇の大型化、行動範囲拡大の方針に沿い、経験豊富な広工廠が、昭和5年春に試作手し、6年春に完成させたのが本機。ロールバッハ飛行艇に準じた、肩翼配置の大きな単葉主翼と、その上に櫓を組んで固定した3基の発動機が圧巻。構造はむろん全金属製だった。
　一応、制式名称を付与されたが、操縦、安定性に欠け、発動機の冷却不足などの問題もあって、1機試作のみに終わった。

**諸元/性能**
全幅：31.04m、全長：22.70m、全高：7.51m、全備重量：11,950kg、発動機：三菱ヒ式液冷V型12気筒(650hp)×3、最大速度：228km/h、航続距離：2,046km、武装：7.7mm機銃×8、爆弾：1,000kg、乗員：9名

## 川西 九〇式二号飛行艇 [H3K]（昭和5年）

　広廠九〇式一号飛行艇と同じ主旨のもとに、川西がイギリスのショート社に設計依頼し、昭和5年春に船着した機体。サイズ的には九〇式一号とほとんど同じだが、ショート社らしい堅実な複葉形態で、艇体は全金属製だが、主翼外皮は羽布張りだった。高出力の"バザード"エンジン三基を、上、下翼間の支柱に"串刺し"のように固定しているのが特徴。
　性能的には九〇式一号より劣ったが、実用性を買われて昭和7年10月に制式採用された。ただし、製作数は4機のみ。

**諸元/性能**
全幅：31.05m、全長：22.55m、全高：8.77m、全備重量：15,000kg、発動機：ロールスロイス バザード液冷V型12気筒(955hp)×3、最大速度：226km/h、航続時間：9.0hr.、武装：7.7mm機銃×8、爆弾：1,000kg、乗員：8名

# 中島 九〇式艦上戦闘機［A2N/A3N］（昭和6年）

写真は九〇式艦上戦闘機三型

　三式艦戦の製造メーカーである中島は、その後継機も自社から……という思いで、昭和5年に社内名称NYと称する試作機を自主開発したが、性能が芳しくなく不採用になった。そこで、設計変更を加えたNY改を製作し、昭和7年1月に海軍へ納入したところ、現用の三式二号艦戦を大幅に凌ぐ高性能が確認され、同年4月、九〇式艦上戦闘機の名称で制式採用された。

　本機は、実質的にはアメリカから研究用に購入したボーイング100D戦闘機を範にしており、発動機もイギリスのジュピターの国産化品を搭載している点からして、純然たる国産機とするには苦しいが、機体はデッド・コピーではなく、ある程度"日本流"に消化している部分もあり、航空自立に一歩近づいた機体として意義ある存在といえる。

　中島は約40機製造しただけで、以降は佐世保海軍工廠に引き継がれたが、正確な生産数は不詳。生産型は一、二、三型の3種で、他に複座に改造した練習機が66機つくられている。

　九〇式艦戦は、昭和7年から就役し、空母、陸上部隊の双方で広く使われ、日中戦争初期には、空母『龍驤』『加賀』の搭載機が、中華民国空軍機と空戦を交えた。横須賀航空隊の源田大尉を含む、3人による曲芸飛行は"源田サーカス"の名で国民にも広く親しまれ、九〇式艦戦の名声を高めた。

**諸元/性能** ※一型を示す

全幅：9.40m、全長：6.18m、全高：3.02m、全備重量：1,550kg、発動機：中島『寿』二型改一空冷星型9気筒（580hp）×1、最大速度：287km/h、航続時間：3.0hr.、武装：7.7mm機銃×2、爆弾：60kg、乗員：1名

## 川西（横廠）九〇式三号水上偵察機［E5K］(昭和3年)

　一四式水偵の後継機として、昭和2年に横廠が試作、同3年8月に1号機が完成した。木金混成骨組みに羽布張り外皮の構造で、全体的に一四式水偵を近代化した、オーソドックスな複葉水上機という印象である。

　発動機は、当初は空冷ジュピター、のち液冷九一式に変わった。性能は平凡で、実用性も良いとはいえなかったが、昭和7年4月に制式採用され、川西が生産を請け負った。しかし、生産数はわずか20機程度にとどまった。

**諸元/性能** ※空冷ジュピター装備機を示す
全幅：14.46m、全長：10.81m、全高：4.64m、全備重量：3,000kg、発動機：中島ジュピター空冷星型9気筒(520hp)×1、最大速度：178km/h、航続時間：6.5hr.、武装：7.7mm機銃×4、爆弾：250kg、乗員：3名

## 三菱 九〇式機上作業練習機［K3M］(昭和5年)

　多座機乗員の航法、通信、爆撃、射撃などの訓練を、1機内に3～4名を収容して同時に行なうという、新しい構想に基づき、三菱が独自に開発したのが機上作業練習機である。その最初の制式採用機となったのが本機で、1号機は昭和5年に完成した。

　角型断面の、広い内部スペースの胴体に、肩翼配置の主翼を組み合わせ、木金混成骨組みに羽布張り外皮の旧式構造ながら、実用性に優れ、太平洋戦争期まで使われた。生産数も620機に達している。

**諸元/性能**
全幅：15.78m、全長：9.70m、全高：3.82m、全備重量：1,900kg、発動機：瓦斯電『天風』空冷星型9気筒(300hp)×1、最大速度：185km/h、航続時間：5.3hr.、武装：7.7mm機銃×1～2、爆弾：90kg、乗員：1名＋練習生4～5名

# 横廠 九〇式水上練習機 [K4Y]（昭和5年）

　一三式練習機の後継機となる水上初歩練習機として、昭和5年に試作され、8年（1933年）5月に制式採用されたのが本機。視野を広くするため、上、下翼間隔が広いのが外形的特徴で、操縦、安定性ともに良好な、いかにも練習機らしいオーソドックスな複葉水上機だった。生産は渡辺鉄工所、日本飛行機が請け負い、合計211機つくられ、太平洋戦争初期まで長期にわたり使用された。

**諸元/性能**
全幅：10.90m、全長：9.05m、全高：3.50m、全備重量：990kg、発動機：瓦斯電『神風』二型空冷星型7気筒（160hp）×1、最大速度：163km/h、航続距離：300km、武装：—、爆弾：—、乗員：2名

# 横廠 九一式水上偵察機 [E6Y]（昭和4年）

　先の一号水偵により、潜水艦搭載小型水偵の運用に確信をもった横廠が、最初の実用機とするべく、昭和4年（1929年）に試作着手したのが本機。サイズ的には一号水偵とほぼ同じ、外観も似たような複葉、双浮舟形態だったが、発動機出力が60％も大きいぶん、性能は1ランク上まわった。
　潜水艦での運用テストも好成績だったため、昭和7年1月に制式採用、川西が生産を請け負い、8機製作され、昭和11年まで使われた。

**諸元/性能**
全幅：8.00m、全長：6.69m、全高：2.87m、全備重量：750kg、発動機：瓦斯電『神風』空冷星型7気筒（130hp）×1、最大速度：168km/h、航続時間：4.4hr.、武装：—、爆弾：—、乗員：1名

## 広廠 九一式飛行艇 [H4H] (昭和7年)

　全金属製大型機の設計、製作に経験が豊富な広廠が、不本意な結果に終わった前作、九〇式一号飛行艇の試作とほぼ併行し、開発をすすめていたのが本機。基本的には、九〇式一号水偵を双発にし、機体をひとまわり小さくして、各部に洗練を加えたものといってよい。

　試作機は昭和7年（1932年）に完成し、テストの結果、操縦、安定、凌波性などに不満はあったが、8年7月に制式採用され、改修と生産を併行しつつ、川西での17機を含め、計47機つくられ、日中戦争全期間にわたって使われた。

**諸元/性能** ※一号型を示す
全幅：23.55m、全長：16.67m、全高：5.81m、全備重量：7,500kg、発動機：広廠九一式二型液冷W型12気筒(750hp)×2、最大速度：222km/h、航続距離：2,315km、武装：7.7mm機銃×2、爆弾：1,000kg、乗員：6～8名

## 航空廠/中島 六試艦上特殊爆撃機 (昭和7年)

　1920年代後半、アメリカ海軍/海兵隊が発案した急降下爆撃法に着目した日本海軍が、技研航空機部、および民間の中島と共同して開発したのが本機。試作機は昭和7年11月に完成し、スタッガー配置の上、下翼と、逆ガル形になった下翼が特徴の、小柄な複葉機だった。しかし、テスト中に墜落して操縦士が死亡したため開発は中止された。なお、

本機を改修設計した機が、昭和8年に七試特・爆として海軍に領収されたが、採用にはならなかった。

**諸元/性能**
全幅：11.00m、全長：8.20m、全高：3.20m、全備重量：2,300kg、発動機：中島『寿』二型空冷星型9気筒(460hp)×1、最大速度：240km/h、航続距離：833km、武装7.7mm機銃×2、爆弾：250kg、乗員：2名

# 愛知 六試小型夜間偵察飛行艇［AB-4］(昭和7年)

民間に払い下げられた後の六試小型夜偵

　水上主力艦同士の艦隊決戦時、夜陰に乗じて敵艦隊を追跡し、その動向を味方艦隊に知らせて戦いを有利に導き、且つ、砲撃戦の弾着観測まで行なうという夜間偵察機の構想に基づき、昭和6年（1931年）に海軍から試作指示されたのが本機。

　安定した低空飛行、長大な航続力、機敏に離着水できる能力、操縦士の負担軽減など、互いに矛盾する難しい要求をこなすため、設計は非常に苦労した。

　愛知は、全てを独力で設計する自信がなく、技術提携していたドイツのハインケル社の、He55飛行艇を参考に、上翼前縁にハンドレーペイジ式スロットを追加するなど、相応の改設計を施した試作機を、昭和7年5月に完成させた。

　艇体は全金属製だが、主、尾翼は金属製骨組みに羽布張り外皮という、やや古めかしい構造の偵察飛行艇で、間隔の広い上下翼間の艇体上面に、瓦斯電『浦風』液冷倒立直列6気筒発動機を後ろ向きに固定した、古典的な推進形態を採っていた。

　テストの結果、飛行性能面については概ね良好との評価を得たが、離着水時の操縦舵面の効きが悪く、操縦士の視界不足、乗員配置の不適切などの欠点が指摘され、海軍はさらに5機の増加試作機を発注して、上記欠点の解決を図ろうと試みた。

　しかし、結局は不採用となり、夜間偵察機をモノにすることは叶わなかった。

### 諸元/性能

全幅:13.50m、全長:9.75m、全高:3.94m、全備重量:2,350kg、発動機:瓦斯電『浦風』液冷倒立直列6気筒(300hp)×1、最大速度:165km/h、航続時間:約6.0hr.、武装:7.7mm機銃×1、爆弾:33kg(吊光弾)、乗員:3名

## 横廠 九一式中間練習機(昭和6年)

　実用機の急速な性能向上にともない、初歩練習機とのギャップが大きくなったことから、両者の中間的な性能をもつ練習機として、昭和6年に横廠が試作したのが本機。『天風』発動機(300hp)を搭載した、オーソドックス、且つ進歩的な複葉機で、性能も充分すぎるくらい優秀だった。

　ただ、安定性に欠けるところがあり、改設計を要すると判定され、正式名称は付与されたが生産は見送られた。その改設計機が、のちに九三式中間練習機として大成する。

**諸元/性能**

全幅：11.10m、全長：7.89m、全高：3.31m、全備重量：1,500kg、発動機：瓦斯電『天風』一一型空冷星型9気筒(300hp)×1、最大速度：204km/h、航続時間：3.0hr.、武装：7.7mm機銃×2、爆弾：60kg、乗員：2名

## 中島 六試複座戦闘機[NAF](昭和7年)

朝日新聞社に払い下げられて通信連絡機となった、六試複戦の試作機

　日本海軍で戦闘機といえば、単座(1人乗り)が当たり前だったが、ヨーロッパ諸国、とくにフランスなどでは複座(2人乗り)の戦闘機も盛んに開発されていた。昭和6年、海軍は、複座戦闘機の可能性を検討するため、中島に六試複座戦闘機の名称で試作発注した。

　翌年夏に完成した機は、ごくオーソドックスな複葉形態だったが、不具合が多々あり、テスト中に不時着事故をおこしたこともあって、不採用になった。

**諸元/性能**

全幅：10.30m、全長：7.26m、全高：2.82m、全備重量：1,710kg、発動機：中島『寿』二型空冷星型9気筒(460hp)×1、最大速度：300km/h、航続距離：850km、武装：7.7mm機銃×3、爆弾：―、乗員：2名

# 三菱 七試艦上戦闘機 [1MF10] (昭和8年)

昭和7年(1932年)、新たに立案された『航空自立計画』に基づき、その最初の具体的実践策として、三菱、中島両者に競争試作指示されたのが、七式艦上戦闘機であった。

外国の技術模倣から脱却し、設計、製造も、すべて日本人独力で行なおうという、意欲的な取り組みで、三菱も入社5年目の若手技師、堀越二郎を設計主務者に配して作業着手した。

複葉形態全盛期にもかかわらず、英断をもって採用した片持式の低翼単葉主翼は、世界的に見てもきわめて進歩的だったが、当時の日本では、これを全金属製にして組み立てる技術が育っておらず、不本意ながら、外皮を複葉機と変わらない羽布張りにせざるを得なかった。

同様に、主脚の処理についても、堀越技師の経験不足が響いて、なんとも不恰好なズボン・スパッツ形態としたため、外観はお世辞にもスマートとは言い難かった。

昭和8年2月に完成した1号機は、垂直安定板の切損により墜落、2号機も飛行中にフラット・スピンに陥って墜落という悲運に見舞われたこともあって、三菱期待の七試艦戦は敢えなく潰えてしまった。

ただし、本機の経験は、次作九試単戦の画期的成功に大いに役立っており、その意義は小さくなかった。

**諸元/性能**
全幅:10.00m、全長:6.92m、全高:3.31m、全備重量:1,578kg、発動機:三菱『A-4』空冷星型複列14気筒(780hp)×1、最大速度:320km/h、航続時間:3.0hr.、武装:7.7mm機銃×2、爆弾:60kg、乗員:1名

第二章 飛躍 航空自立期

## 中島 七試艦上戦闘機（昭和7年）

　三菱の七試艦戦と競争試作された機体。同じ単葉主翼ではあるが、リスクを避けて、失敗の恐れが少ない、陸軍の九一式戦闘機を改良した、パラソル翼形態にした点が対照的だった。
　試作機の完成は三菱より数ヶ月早い昭和7年秋で、海軍に領収されてテストされたが、やはりパラソル翼では性能が低く、要求値を満たせずに不合格となった。

### 諸元/性能
全幅：10.30m、全長：7.20m、全高：3.20m、全備重量：1,600kg、発動機：中島『寿』五型空冷星型9気筒（560hp）×1、最大速度：314km/h、航続距離：—、武装：7.7mm機銃×2、爆弾：—、乗員：1名

## 三菱 七試単発艦上攻撃機（昭和7年）

　七試艦戦と同時に、『航空自立計画』に沿った最初の実践策のひとつとして、三菱、中島両社に試作指示されたのが、この七試艦攻。不評の八九式艦攻にとって代わる機体とされたので、三菱も力を注ぎ、八九式艦攻を全般的に洗練、発動機は強力なロールスロイス『バザード』（835hp）を搭載する複葉機として完成させた。
　しかし、八九式艦攻の重量過大という悪癖まで継承してしまって性能は低く、試作機がテスト中に不時着大破してしまったこともあり、敢えなく不採用になった。

### 諸元/性能
全幅：14.72m、全長：10.08m、全高：3.88m、全備重量：4,400kg、発動機：ロールスロイス『バザード』II-MS液冷V型12気筒（835hp）×1、最大速度：213km/h、航続時間：12.0hr.、武装：7.7mm機銃×2、魚雷/爆弾：800kg、乗員：3名

## 中島 七試艦上攻撃機（昭和7年）

　三菱とともに、昭和7年4月に指示された七試艦攻競争試作への応募機で、三菱機と対照的に、自社製の空冷『寿』三型発動機を搭載した点が特徴だった。機体の設計は、極く普通の複葉形態で、三菱機よりずっと軽量に仕上げてあった。
　しかし、テストしてみると、中島機も要求性能を満たさず、三菱機ともども不採用を通告された。

> **諸元/性能**
> 全幅：13.50m、全長：9.50m、全高：―、全備重量：3,500kg、発動機：中島『寿』三型空冷星型9気筒（770hp）×1、最大速度：222km/h、航続時間：6.0hr、武装：7.7mm機銃×1、魚雷/爆弾：800kg、乗員：3名

## 愛知 七試艦上攻撃機［AB-8］（昭和8年）

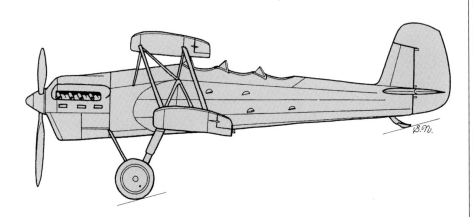

　七試艦攻の競争試作に加われなかった愛知が、昭和8年（1933年）はじめ、自主開発機として1機完成させたのが本機。発動機は、フランスから輸入したロレーン液冷W型12気筒（600hp）を搭載し、機体は、オーソドックスな木金混成骨組みに羽布張り外皮構造を採った。ただし、前下方視界確保のためか、横から見ると、機首が屈折したようになっており、ちょっと日本機離れした印象を受ける。
　三菱、中島機よりも軽量に仕上がってはいたが、やはり性能は要求値に届かず、採用されることはなかった。その後、本機は愛知の社有機として扱われ、各種テストに使われた。

> **諸元/性能**
> 全幅：14.00m、全長：9.55m、全高：3.67m、全備重量：3,200kg、発動機：ロレーン『クールリス』液冷W型12気筒（600hp）×1、最大速度：237km/h、航続距離：―、武装：7.7mm機銃×2、魚雷/爆弾：800kg、乗員：3名

# 航空廠 九二式艦上攻撃機 [B3Y]（昭和7年）

　民間の三菱、中島に七試艦攻の競争試作を指示する一方、海軍も自ら、航空廠において次期新型艦攻の試作に着手、昭和7年末に完成させていた。三菱、中島の失敗を予測していたわけではあるまいが、この試作機は、失敗のリスクを小さくするため、旧式の一三式艦攻をベースにし、各部を相応に洗練するという、やや不本意な機体だった。

　テストしてみると、性能的には三菱、中島機と大して変わらず、搭載した広廠九一式液冷W型12気筒(750hp)発動機も、いまひとつ信頼性に欠けていたが、一三式艦攻がベースだけに操縦、安定性はまずまずだった。

　三菱、中島機の失敗が明らかになったことから、海軍はどうしても本機を選択せざるを得なくなり、愛知の五明技師に各部の改修設計を依頼したのち、昭和8年（1933年）8月、九二式艦上攻撃機の名称で制式採用した。

　八九式艦攻の後継機として就役した本機は、海軍にとって真に歓迎すべき機体とは言い難かったが、発動機の不調に悩ませられつつも、日中戦争初期まで第一線にとどまり、艦攻隊の屋台骨を支えた。

　生産は、改修設計を担当した愛知が請け負ったが、後期には広廠、渡辺鉄工所でも少数ずつ作られた。初期生産機は大直径2翅プロペラを装備していたが、途中から4翅（いずれも木製）に変更された。合計生産数は約130機で、そう多くはない。

　日中戦争初期、小型爆弾による地上攻撃は精度も高く、本機の存在感を高めたといわれる。

### 諸元/性能

全幅：13.50m、全長：9.50m、全高：3.73m、全備重量：3,200kg、発動機：広廠九一式液冷W型12気筒(750hp)×1、最大速度：218km/h、航続時間：4.5hr.、武装：7.7mm機銃×2、魚雷/爆弾：800kg、乗員3名

# 三菱 九三式陸上攻撃機［G1M］（昭和7年）

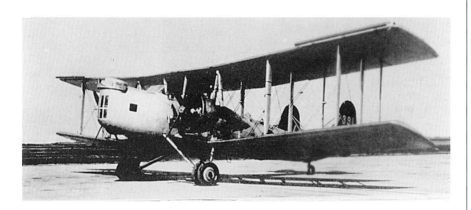

　昭和2～3年に相次いで竣工した大型航空母艦『赤城』、『加賀』に搭載する、双発の大型艦上攻撃機として、同4年、三菱に単独試作発注されたのが本機。当時、三菱が実用化をすすめていた、最初の空冷星型複列14気筒発動機『A-4』を搭載する、全幅約20m、全長約13m、総重量6.3トンに達する、大型複葉艦上機だった。

　三菱は、来日中の八九式艦攻の設計主務者、G・E・ペティ技師の指導のもとに設計作業をすすめ、昭和7年（1932年）9月、1号機を完成させた。当然というか、外観はイギリス空軍の双発爆撃機風に仕上がっていた。

　しかし、テストしてみると各部に不具合が多いうえ、主翼を折りたたむとはいえ、このような大型双発複葉機を空母上で運用するのは、非現実的ということが判明した。

　海軍は、7号機まで製作させたあと、各部に大幅な改修を加えた7機を発注、あらためて九三式陸上攻撃機の名称で採用したが、改修に長期を要している間に旧式化してしまい、館山航空隊に一括配備された11機も、攻撃機として運用されず、大型機用訓練機扱いに終始した。

　海軍最初の大型双発陸上機という肩書きはともかく、当初の開発目的が不適切だったことで、成功には縁遠い機体だったといえる。

### 諸元/性能

全幅：19.20m、全長：12.80m、全高：4.43m、全備重量：6,350kg、発動機：三菱『A-4』空冷星型複列14気筒（800hp）×2、最大速度：240km/h、航続距離：1,420km、武装：7.7mm機銃×3、魚雷/爆弾：1,000kg、乗員：3～5名

## 第二章 飛躍 航空自立期

# 航空廠 九三式中間練習機［K5Y］(昭和8年)

九三式陸上中間練習機［K5Y1］

　性能的には申し分なかったが、安定性にやや難があって、制式名称を付与されながら試作2機にとどまった九一式中間練習機は、民間の川西に改修設計が依頼され、昭和8年(1933年)12月に1号機の完成をみた。

　九一式中練との相違は、主翼面積が拡大され、上翼に上反角がつけられたことと、尾翼、主脚まわりなどのアレンジを変更した点。

　テストの結果、安定性は見違えるほどに改善されたことがわかり、性能的にはもとより申し分なかったことから、1ヶ月後の昭和9年1月に九三式中間練習機の名称で制式採用が決定した。

　当初、練習機としては高性能すぎるなどと批判もあったが、実用機の性能向上が急速にすすむなかで、そんな批判は霧散し、たちまちのうちに海軍練習機市場を独占した。

　需要が拡大するなかで、生産は海軍機メーカー7社を動員して大規模に行なわれ、太平洋戦争終結の日まで、実に11年の長きにわたって継続、総計5,591機という空前絶後の生産数を記録した。

　国内の練習航空隊では、ごく日常的にその飛行姿が見られたので、国民にも広く知られ、オレンジ色の機体塗色から"赤トンボ"の通称名で親しまれた。海軍の航空機搭乗員は、誰しもが本機によって訓練をうけ、その意味では、零戦や一式陸攻などの有名実用機以上に、ポピュラーな存在だったといえる。車輪付きの陸上型と、双浮舟付きの水上型があった。

**諸元/性能** ※陸上型を示す

全幅:11.00m、全長:8.05m、全高:3.20m、全備重量:1,500kg、発動機:瓦斯電『天風』一一型空冷星型9気筒(300hp)×1、最大速度:219km/h、航続距離:1,100km、武装:7.7mm機銃×2、爆弾:60kg、乗員:2名

# 川西 九四式水上偵察機 [E7K]（昭和8年）

九四式二号水上偵察機 [E7K2]

　一四式水偵の後継機を目指した九〇式三号水偵が、諸事情によりわずか20機程度の少数生産にとどまったことをうけ、海軍は、昭和7年に、七試水上偵察機の試作名称により、愛知、川西の両社に競争試作を指示した。

　九〇式三号水偵のメーカーでもある川西は、是が非でも自社の手で後継機を……との意気込みで設計に力を注ぎ、翌年2月に1号機を完成させた。発動機は、九一式液冷W型12気筒（750hp）を搭載し、全金属製骨組みに羽布張り外皮構造、双浮舟形態の、オーソドックスな複葉水偵だった。

　愛知機との比較テストの結果、一般性能のほか、実用性の面でもすべて川西機が勝っていることが確認され、昭和9年5月、九四式水上偵察機の名称で制式採用された。

　艦載、基地両部隊に就役した本機の評価は高く、この種の三座水偵としては、世界的にみてもきわめて優秀であった。本機の好評を伝え聞いたドイツが、ライセンス生産を打診してきたのもうなずける。

　日中戦争に際しては、本来の偵察はもとより、小型爆弾による対地支援任務までこなし、いっそう評価を高めた。昭和13年（1937年）には、発動機を空冷の三菱『瑞星』（870hp）に更新した二号型も制式採用され、本型が太平洋戦争初期まで第一線にとどまって活躍した。

　もっとも、内地部隊では、その後も周辺海域の対潜哨戒機、また、練習部隊での訓練機などとして戦争末期まで現役にとどまった。生産数は、一号、二号型あわせて計530機。

**諸元/性能** ※一号型を示す
全幅：14.00m、全長：10.41m、全高：4.81m、全備重量：3,000kg、発動機：九一式液冷W型12気筒（750hp）×1、最大速度：239km/h、航続時間：12.0hr.、武装：7.7mm機銃×3、爆弾：120kg、乗員：3名

# 愛知 七試水上偵察機 [AB-6] (昭和8年)

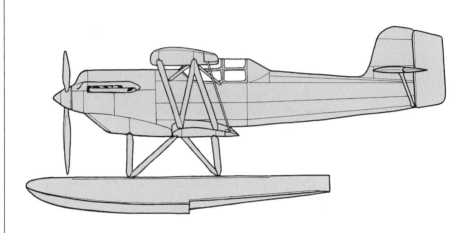

川西の九四式水偵と同時に競争試作された機体。発動機は同じ、機体サイズ、重量とも川西機と変わらなかった。複葉形態の上翼を胴体上面に接近させ、操縦室を密閉式風防で覆うなど、部分的に進歩的な設計を取り入れていたが、性能、実用性とも川西機に劣り、不採用になった。

**諸元/性能**
全幅：13.60m、全長：10.39m、全高：4.80m、全備重量：3,061kg、発動機：九一式液冷W型12気筒(600hp)×1、最大速度：221km/h、航続時間：11.9hr、武装：7.7mm機銃×3、爆弾：120kg、乗員：3名

# 中島 八試特殊爆撃機 [D2N] (昭和9年)

海軍がなんとかモノにしようとした艦上急降下爆撃機は六試、七試がいずれも失敗して期待を裏切った。そこで、昭和8年(1933年)、海軍は中島への一社特命ではなく、航空廠、愛知も交えた2社1廠による競争試作を、八試特殊爆撃機の名称で実施した。

中島機は、前作七試特・爆をベースに、主翼、主脚のアレンジを変更したもので、昭和9年(1934年)に2機つくられた。しかし、テストしてみると、やはり安定性不良などの問題が多く、ドイツのハインケル社製He66を国産化した愛知機には及ばず、不採用になった。

**諸元/性能** ※データは推定値
全幅：11.50m、全長：9.00m、全高：3.50m、全備重量：2,500kg、発動機：中島『寿』二型改一空冷星型9気筒(580hp)×1、最大速度：260km/h、航続距離：―、武装：7.7mm機銃×3、爆弾：310kg、乗員：2名

# 愛知 九四式艦上爆撃機[D1A]（昭和9年）

　昭和8年度の、八試特殊爆撃機競争試作に勝利し、制式採用されたのが本機。もっとも、本機は愛知の原設計ではなく、同社が技術提携していたドイツのハインケル社製He66の各部を日本流に改修設計した機体だった。発動機も、当然、国産の『寿』二型改一搭載に変更されている。

　発動機を除いたHe66との相違は、機体サイズを少し小さくし、重量も軽く、主翼に5度の後退角を付けたこと。急降下姿勢で爆弾を投下したとき、爆弾がプロペラに当らぬように、いったんプロペラ回転圏外に出すための、投下アームを備えている点が目新しかった。

　金属製骨組みに羽布張り外皮の古めかしい構造だったが、老舗メーカーのハインケル社製品が原型だけに、操縦、安定性に優れ、文句なしに競・試相手を凌いだため、昭和9年12月、九四式艦上爆撃機の名称で制式採用を勝ち取った。本機により、海軍はようやくにして念願の急降下爆撃機を戦力化することができたことになる。

　日中戦争が勃発すると、空母搭載機を先鞭として大陸の戦場に赴き、その正確無比なピンポイント爆撃により、地上軍支援に大いに活躍。艦爆という新機種の存在感を、海軍内に広く知らしめた。

　空母搭載部隊が中心の配備だったこともあり、生産数は計162機と意外に少なかった。

**諸元/性能**

全幅：11.37m、全長：9.40m、全高：3.45m、全備重量：2,400kg、発動機：中島『寿』二型改一空冷星型9気筒（580hp）×1、最大速度：281km/h、航続距離：1,050km、武装：7.7mm機銃×3、爆弾：310kg、乗員：2名

## 中島 フォッカー式陸上偵察機［C2N］(昭和8年)

ヨーロッパの老舗航空機メーカーとして著名な、オランダのフォッカー社は、1920年代に"スーパーユニバーサル"と称した、単発肩翼形態の優れた旅客機を送り出し、日本でも中島が同機を国産化して民間各社に販売していた。

昭和8年（1933年）、海軍は本機を偵察機として制式採用し、車輪付きの陸上型、双浮舟付きを水上型として少数配備した。もっとも、実際にはほとんどが雑用機として使われたが、使い勝手がよく重宝されたらしい。

**諸元/性能**
全幅：15.43m、全長：11.09m、全高：2.81m、全備重量：2,425kg、発動機：中島ジュピター6空冷星型9気筒（450hp）×1、最大速度：235km/h、航続距離：1,100km、武装：―、爆弾：―、乗員：2名、乗客：6名

## 川西 八試水上偵察機［E8K］(昭和8年)

九〇式二号水偵の後継機を得るため、海軍は、昭和8年に愛知、川西、中島の3社に対し、八試水上偵察機の名称により競争試作を指示した。

川西は、従来の固定概念に捉われず、木金混成骨組みに羽布張り外皮の旧式構造ながら、低翼単葉単浮舟という思いきった設計を採って、1年に満たない短期間で1号機を完成させた。しかし、堅実な複葉形態で実用性の高い中島機には及ばず、愛知機とともに不採用となった。

**諸元/性能**
全幅：11.95m、全長：9.23m、全高：3.87m、全備重量：1,900kg、発動機：中島『寿』二型改一空冷星型9気筒（580hp）×1、最大速度：293km/h、航続時間：3.3hr.、武装：7.7mm機銃×2、爆弾：60kg、乗員：2名

# 中島 九五式水上偵察機 [E8N]（昭和9年）

　八試水偵の競争試作に応じた中島は、九〇式二号水偵の設計をベースに、各部を洗練した、実用本位の複葉形態機で臨み、進歩的だが不安定な面もある川西、愛知機を退け、昭和10年9月、制式採用を勝ち取った。これが九五式水上偵察機である。

　九〇式二号水偵に比べ、発動機の出力はわずかに向上しただけ、機体サイズ、重量もほとんど変わらないのに、最大速度は60km/h以上、高度3,000mまでの上昇時間は4分も短縮するほどの性能向上をみせたのであるから、各部分の空気力学的洗練が、いかに効を奏したかがわかる。

　本機の運動性能は抜群で、戦闘機と空中戦してもヒケはとらなかった。実際、日中戦争中には何機もの敵機撃墜を記録している。本機の実績をみた海軍が、世界的にも例がなかった純粋の水上戦闘機を開発することに決めたという経緯は、よく知られるところだ。

　また、小型爆弾による高精度の急降下爆撃もこなし、地上軍支援に大きな働きを示している。

　日中戦争では、水上機母艦に搭載された機体の活躍ばかりが目立ってしまったが、戦艦、巡洋艦への搭載機、さらには基地部隊の主力機としても、太平洋戦争初期にかけて大いに活躍した。

　生産型には、発動機の違いにより一号型と二号型があったが、機体外観、性能ともに、大きな違いはない。中島では、昭和15年（1940年）にかけて約700機を生産、他に川西の転換生産分48機をあわせると約750機にも達し、当時としては破格の多さであった。

**諸元/性能** ※二号型を示す
全幅：10.98m、全長：8.98m、全高：3.84m、全備重量：1,900kg、発動機：中島『寿』二型改二空冷星型9気筒（630hp）×1、最大速度：299km/h、航続距離：898km、武装：7.7mm機銃×2、爆弾：60kg、乗員：2名

## 中島 八試艦上複座戦闘機[NAF-2]（昭和9年）

モノに出来なかった六試複座戦闘機にかわり、昭和8年、海軍は中島、三菱両社に対し、八試艦上複座戦闘機の名称で競争試作を命じた。中島は、発動機は六試複座と同じまま、胴体は極力細く絞り込み、下翼は付け根近くで"逆ガル"型に屈折させるなど、複葉形態ながら、相応に工夫をこらした機体に仕上げ、昭和9年3月に1号機を完成させた。

テストでは、各種特殊飛行を無理なくこなし、概ね良好の評価をうけたが、海軍の複座戦に対する指針が不明確だったため、採用されなかった。

#### 諸元／性能
全幅：10.725m、全長：7.19m、全高：2.82m、全備重量：1,844kg、発動機：中島『寿』二型空冷星型9気筒（530hp）×1、最大速度：278km/h、航続距離：809km、武装：7.7mm機銃×3、爆弾：120kg、乗員：2名

## 三菱 八試艦上複座戦闘機（昭和9年）

三菱の八試複戦は、発動機が中島機と同じ『寿』で、ごく一般的な胴体、複葉主翼を組み合わせていたが、後席の射界を確保するために、双垂直尾翼にしていた点が大きな特徴だった。重量は中島機よりも少し軽く、そのせいで速度性能はわずかに勝っていたものの、テスト中に強度上の欠陥が原因とみられる空中分解事故をおこしてしまい、採否を問う前に開発中止を宣告されてしまった。

#### 諸元／性能
全幅：10.00m、全長：7.39m、全高：3.35m、全備重量：1,700kg、発動機：中島『寿』二型空冷星型9気筒（580hp）×1、最大速度：286km/h、航続距離：—、武装：7.7mm機銃×3、爆弾：—、乗員：2名

# 広廠 九五式陸上攻撃機 [G2H] (昭和8年)

　天候状況により、その運用に制限を受ける飛行艇にとって代わり、洋上遠く哨戒攻撃任務をこなせる陸上大型機という構想で、昭和7年、時の航空本部技術部長山本五十六少将の肝煎りで開発着手されたのが本機。同じ陸上攻撃機という機種名だが、のちの九六式陸上攻撃機以降の機体とは主旨が異なった。

　設計は、飛行艇の開発を通じて、全金属製大型機に経験の深い広廠が担当し、1号機は昭和8年3月に完成した。試作名称は七試特殊攻撃機だった。

　発動機は、当時試作中の九四式一型液冷W型18気筒(最大1,180hp)の双発で、全幅約32m、全長約20m、総重量11トンという、海軍航空史上最大の陸上機となった。

　機体は細身の胴体に、大面積のユンカース式2重翼と、双垂直尾翼を組み合わせた、意外に洗練されたスタイルだったが、主脚が固定式なうえ、11トンの大重量機には九四式一型発動機2基をもって

してもパワー不足の感は否めず、飛行性能は芳しくなかった。

　構造上の問題による尾翼の振動、補助翼フラッター、発動機の不調などもあって改修に手間どり、一応、九五式陸上攻撃機の制式名称は付与されたものの、生産は8機で打ち切られ、実験機に近い扱いとされた。

　日中戦争が勃発したことで、九五式陸攻も実戦に投入されることになり、昭和12年(1937年)10月、済州島に木更津航空隊配備の6機が進出したが、爆発炎上事故で一瞬のうちに5機が失われ、悲劇的な終焉を遂げた。

### 諸元/性能
全幅:31.68m、全長:20.15m、全高:6.28m、全備重量:11,000kg、発動機:広廠九四式一型液冷W型18気筒(1,180hp)×2、最大速度:244km/h、航続距離:2,883km、武装:7.7mm機銃×4、爆弾:1,600kg、乗員:7名

# 中島 九五式艦上戦闘機［A4N］(昭和9年)

　1930年代なかば頃になると、ヨーロッパでは、単葉引込脚の戦闘機が次々に試作される情勢となり、日本海軍でも先の七試艦戦の競・試で、三菱、中島機ともに単葉形態を採ったが、敢えなく失敗してモノにはならなかった。

　三式、九〇式と艦戦市場を制してきた中島は、とりあえず単葉艦戦が実用化するまでのつなぎとして、九〇式艦戦の改良型を提案、昭和9年（1934年）秋に試作機を完成させた。

　外観はちょっと見た目には九〇式艦戦三型と変わらないが、発動機が『光』(730h)に更新されてカウリングが太くなり、機体も新規に設計し直されて、細部が洗練されていた。九〇式艦戦には無い、半卵形の増加燃料タンク2個を、左、右下翼下面に取り付け可能にした点も目新しかった。

　テストの結果、九〇式艦戦に比較して速度、上昇性能などの著しい向上が認められ、昭和11年1月、九五式艦上戦闘機の名称で制式採用された。ただ、本機の就役後まもなく、革新の全金属製単葉機、九六式艦戦が登場したため、第一線としての活動期間は短く、生産数は、15年までに221機だった。

　日中戦争勃発当時は、まだ九六式艦戦の配備数が少なかったため、空母、基地部隊の九五式艦戦が大陸戦線に進出、昭和13年夏頃まで中華民国空軍機との空中戦、地上軍支援任務などに活躍した。日本海軍最後の複葉艦戦として、それなりに存在感を示した機ではあった。

### 諸元/性能
全幅：10.00m、全長：6.66m、全高：3.07m、全備重量：2,051kg、発動機：中島『光』一型空冷星型9気筒(730hp)×1、最大速度：352km/h、航続距離：846km、武装：7.7㎜機銃×2、爆弾：120kg、乗員：1名

# 三菱 八試特殊偵察機 [カ-9/G1M]（昭和9年）

　先の九五式陸攻が、あれもこれもと欲張った要求項目により、大型鈍重となって実用価値を低くしてしまった反省から、海軍は昭和8年、三菱に対し、航続性能にのみ焦点を絞った中型双発陸上機の開発を指示した。試作名称は八試特殊偵察機といった。

　当時、欧米各国では全金属製単葉引込脚、セミ・モノコック（半張殻）構造の双発爆撃機が出現しつつあり、三菱もそうした気運を察知し、社内名称『カ-9』と呼ばれた八試特・偵の設計主務者には、新進気鋭の本庄季郎技師を配して作業に着手した。

　1年3ヶ月余後の昭和9年4月に完成したカ-9は、海軍関係者も驚くほど斬新な形態で、見る者を圧倒した。細く引き締まった流麗なラインの胴体に、直線テーパー（先細形）の2重翼を組み合わせ、手動とはいえ、発動機ナセル後方に引き込まれる主脚は、まさに新時代の航空機という強烈な印象を与えずにはおかなかった。

　発動機は、信頼性に難があった九一式液冷W型12気筒を搭載せざるを得なかったが、テストでは、九五式陸攻を凌ぐ速度、最大で4,400kmを超える破格の航続性能を示し、操縦、安定性などもきわめて良好と判定され、三菱技術陣は溜飲を下げることができた。

　海軍は、本機の成功を確信したうえで、これをベースに、翌9年、九試中型陸上攻撃機の試作へと進む。カ-9こそは、海軍航空機設計技術が、ようやく欧米の模倣から脱却し、自立の時代へと変わる、まさに分水嶺的存在だった。

### 諸元/性能
全幅：25.00m、全長：15.83m、全高：4.53m、全備重量：7,000kg、発動機：広廠九一式液冷W型12気筒（650hp）×2、最大速度：266km/h、航続距離：4,400km、武装：7.7mm機銃×2、爆弾：―、乗員：5名

# 三菱 九試単座戦闘機［カ-14］（昭和10年）

　七試艦戦が失敗した反省から、海軍は、八試特・偵と同様に、要求項目をシンプルにしたうえで、昭和9年2月、改めて三菱、中島両社に対し、九試単座戦闘機の名称で競争試作を指示した。名称が艦上ではなく単座となっている点に、海軍の意図がみてとれる。

　三菱は七試のときと同じく、堀越技師を設計主務に据えて作業にのぞみ、わずか11ヵ月後の昭和10年1月に1号機を完成させた。

　社内名称『カ-14』と呼ばれた本機は七試艦戦とはうって変わった、流麗なスタイルの小型機だった。堀越技師が本機の設計に際し信念としたのは、軽量構造と外観の空気力学的洗練の追及で、構造は全金属製セミ・モノコック式を採っており、機体表面にリベットの頭が突出しない、いわゆる"沈頭鋲"の導入（世界でも最初）で、その滑らかさは従来の金属外皮機と比較にならなかった。

　主脚を敢えて固定式にしたのは、当時、引込脚のメカニズムが重量的にリスクが大きく、このクラスの小型機なら、空気抵抗の少ない流線形の固定脚にしたほうが実利的と判断したためであった。

　テストの結果、カ-14は、当時の世界のいかなる実用戦闘機をも凌ぐ、450km/hという驚異的高速を出し、海軍関係者のド肝を抜いた。堀越技師の予測すらも越えるものだったから無理もない。

　上昇、空戦、航続性能なども、制式採用を控えていた九五式艦戦を凌ぎ、海軍は、三菱に対し、ただちに制式採用を前提にした量産準備を下命したのである。これが、のちの九六式艦戦であることは、いうまでもない。

### 諸元/性能　※1号機を示す

全幅：11.00m、全長：7.67m、全高：3.26m、全備重量：1,373kg、発動機：中島『寿』五型空冷星型9気筒（600hp）×1、最大速度：450km/h、航続距離：―、武装：7.7mm機銃×2、爆弾：―、乗員：1名

## 中島 九試単座戦闘機（昭和10年）

写真は陸軍のキ11

　三菱のカ-14とともに、競争試作に臨んだ中島の機体が本機。七試艦戦につづいて、まったくの新設計とはせず、アメリカ陸軍のボーイングP-26戦闘機を範にした、陸軍向けのキ11を海軍仕様に改修したものだった。

　同じ単葉固定脚とは言いながら、本機の主翼は、張り線で支える複葉機のそれと変わり映えせず、主脚に至っては不恰好な"ズボンスパッツ"形態で、あらゆる面に斬新な三菱機とは比較にならなかった。審査をするまでもなく、本機の不採用が通告された。

### 諸元/性能　※キ11を示す
全幅：10.80m、全長：7.45m、全幅：3.37m、全備重量：1,487kg、発動機：中島『寿』三型改空冷星型9気筒(700hp)×1、最大速度：420km/h、航続時間：2.5hr.、武装：7.7mm機銃×2、爆弾：一、乗員：1名

## 中島 九試艦上攻撃機［B4N］（昭和11年）

　九試単戦と時期を同じくして競争試作された、九試艦攻計画への中島の応募機。本機の特徴は、なんといっても、正面から見て、主翼付け根付近が"X"字状になる"ガル＆逆ガル"の複葉形態を採ったことで、日本海軍はもとより、世界的に前例のない奇抜なスタイルだった。

　何故こんな奇抜な形態を採ったのか、理由は定かではないが、試作機を見た海軍関係者の唖然とした姿が目に浮かぶ。ともかく、性能云々以前に、その実用性の是非が問われ、敢えなく不採用になった。そんなせいもあってか、正確なデータすら残っていない。ただ、発動機は自社製『光』空冷星型9気筒(660hp)を搭載し、木金混成骨組みに羽布張り外皮構造で、7.7mm機銃2挺を装備、800kgまでの爆弾、魚雷を懸吊できたことぐらいは判明している。乗員は3名。

### 諸元/性能
不詳

# 三菱 九六式艦上戦闘機 [A5M]（昭和10年）

九六式一号艦上戦闘機 [A5M1]

　海軍関係者のド肝を抜くほどの高性能を示し、ただちに採用内定と量産が約束されたような三菱のカ-14（九試単戦）だったが、ことはそう簡単には運ばなかった。というのも、心臓たるべき発動機に、問題が生じたからである。

　カ-14の1号機が搭載していた、中島製の『寿』五型は、実用性の確かな量産品ではなく、いわば実用テスト段階のものだった。この発動機が、テスト中に耐久不足の欠陥を露呈したことから、三菱は、2号機以降、中島の『寿』三型、『光』一型、はては自社が試作中のA-9型までひっぱり出し、6号機までの増加試作機を使って、とっかえひっかえ装備してテストしたが、どれも完全ではなく、堀越技師自身も、一時どうしてよいのかわからず途方に暮れてしまう有様だった。

　折しも中国大陸では、日、中両軍の緊迫度が高まり、いつ武力衝突してもおかしくない不穏な情況を呈しており、せっかくの優秀な新型戦闘機が、発動機のトラブルで量産に入れない事態を重く見た海軍は、ひとつの決断を下した。

　それは、性能が低下するのは必至を承知で、パワーは小さいが実用面に不安のない『寿』二型改一（630hp）を搭載し、とにかく量産に入って当座をしのぎ、その間に、全力で適当な出力の発動機を実用化するという、苦肉の策だった。

　こうして、1年10ヶ月におよんだカ-14の"発動機行脚"は終わり、昭和11年11月、九六式艦上戦闘機の名称で制式採用が決まり、翌12年に入り、最初の生産型1号型 [A5M1] が完成し始めた。

　しかし、1号型の生産は29機つくられたのみにとどまり、通算36号機以降、74号機までは『寿』二型改三（690hp）に換装した二号一型 [A5M2a]、さらに75号機以降は『寿』三型（旧称『寿』二型改三Aを改称）（690hp）に換装した二号二型 [A5M2b] に変わり、またぞろ、"発動機行脚"の再現かと思われた。

　幸い、昭和13年に入って、中島の努力により、パワー、実用性ともに安心できる『寿』四型（785hp）が完成、四型 [A5M4] として生産を開始、九六式艦戦は、ようやくにして当初の計画通りの性能を実現できた。

　本機の就役開始と、日中戦争の勃発はほとんど同時で、まず、陸上基地部隊の第十三航空隊に配備された一号型が大陸に進出、中華民国空軍機と対戦した。

　原型機に比較して少し低下していたとはいえ、一号型の性能は敵の複葉戦闘機群をはるかに凌ぎ、練度の高い搭乗員の技倆と相俟って、空中戦は

# 三菱 九六式艦上戦闘機 [A5M] (昭和10年)

九六式二号二型艦上戦闘機 [A5M2b]

九六式艦戦の一方的勝利に終わるのが常だった。

以降、空母部隊配備機も含め、大陸に続々と進出した九六式艦戦は、翌13年秋までに、中支以南の大陸の制空権を掌握し、15年夏に後継機の零戦が登場するまで、大きな空中戦がほとんど生起しないほどの存在感を示した。

思えば九六式艦戦は、欧米各国の後塵を拝してきた日本の航空技術を、一気にそれらと同水準に肩を並べさせ、また、航空自立を確かなものにした画期的な機体といえ、後述する九六式陸攻とともに、以降の日本軍用機設計のノウハウを示唆したものと言っても過言ではない。生産数は15年までに約1,000機に達し、これもそれまでの海軍機史上最高記録だった。

**諸元/性能** ※四号型を示す

全幅:11.00m、全長:7.56m、全高:3.23m、全備重量:1,671kg、発動機:中島『寿』四型空冷星型9気筒(785hp)×1、最大速度:435km/h、航続距離:1,200km、武装:7.7mm機銃×2、爆弾:60kg、乗員:1名

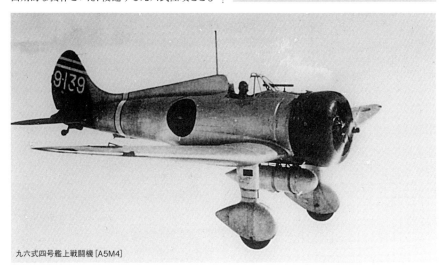

九六式四号艦上戦闘機 [A5M4]

## 三菱 九試艦上攻撃機 [カ-12/B4M]（昭和9年）

中島のB4Nとともに、昭和9年度の次期艦攻競争試作に応じた機体。七試艦攻と同じ松原技師が設計主務者となってまとめた、木金混成骨組みに羽布張り外皮構造の複葉機だった。

外観は、下翼が軽い逆ガル型になってはいるが、中島機のような奇抜さはなく、当時のごく一般的な複葉形態を採っていた。七試艦攻の失敗を教訓に、重量軽減に留意していたが、強度不足、操縦性不良の傾向があり、不採用となった。

#### 諸元/性能
全幅：14.80m、全長：9.96m、全高：3.94m、全備重量：3,827kg、発動機：三菱八試空冷星型複列14気筒（800hp）×1、最大速度：240km/h、航続時間：6.17hr.、武装：7.7mm機銃×2、魚雷/爆弾：800kg、乗員：3名

## 川西 九試夜間水上偵察機 [E10K]（昭和9年）

モノにならなかった六試夜・偵につづき、海軍は昭和9年（1934年）2月、九試夜・偵の名称で川西、愛知両社に競争試作を促した。川西はその特殊性を考慮し、全金属製の細身の艇身に肩翼位置に下翼を取り付け、上翼は間隔をあけてずっと上方に配置し、その中央に『寿』発動機を収めたナセルを串刺し状に固定するという、やや奇抜な複葉形態にして、半年後に初飛行させた。しかし水上、飛行いずれの状況でも安定、操縦性が悪く、不採用となった。

#### 諸元/性能
全幅：14.55m、全長：11.33m、全高：4.40m、全備重量：2,870kg、発動機：中島『寿』一型空冷星型9気筒（600hp）×1、最大速度：200km/h、航続距離：1,185km、武装：7.7mm機銃×1、爆弾：60kg、乗員：3名

# 愛知 九六式水上偵察機 [E10A]（昭和9年）

　昭和9年度の九試夜・偵競争試作において、川西機を退け、勝者となったのが本機。愛知は、先に失敗した六試夜偵の経験から、機体の空気力学的洗練よりも、むしろ六試夜・偵で指摘された操縦、安定性、および実用性の悪さを改善することに意を払い、川西機よりも3ヶ月遅れの、昭和9年12月に1号機を完成させた。

　艇体は全金属製応力外皮構造、主翼は金属製骨組みに羽布張りという、やや古めかしい設計で、外観も六試夜・偵を少しばかり洗練した程度の違いでしかない。

　川西機が空冷発動機を搭載したのに対し、本機は六試夜・偵に準じ、自社製の九一式液冷W型12気筒（650hp）を、上、下翼間の中央に推進式に固定した点が対照的だった。主翼は、ナセル支持架より外側の部分で後方に折りたためた。

　テストの結果、懸念された操縦、安定性は良好であり、航続性能は川西機を大きく凌ぐことも確認さ

れ、昭和11年8月、九六式水上偵察機として制式採用された。もっとも、夜・偵という機種そのものが特殊なだけに、需要は多くなく、翌年までに試作機を含めて、計15機つくられたのみにとどまった。

　夜間の艦隊決戦は、日本海軍が心血を注いで練度向上に努めた戦術で、夜・偵はその際の重要な存在になるはずではあったが、実際に運用してみると種々の困難があり、思ったようにはいかなかったらしい。因みに、九六式水偵は、夜間に敵の目につかぬよう、機体全体を真っ黒く塗っており、海軍機のなかでもひときわ異彩を放つ存在だった。

### 諸元/性能

全幅:15.50m、全長:11.21m、全高:4.50m、全備重量:3,300kg、発動機:愛知九一式500馬力液冷W型12気筒（650hp）×1、最大速度:206km/h、航続距離:1,852km、武装:7.7mm機銃×1、爆弾:60kg、乗員:3名

## 三菱 九六式陸上攻撃機［カ-15/G3M］（昭和10年）

九六式陸上攻撃機一型 [G3M1]

　八試特・偵の革新性がわかった海軍は、昭和9年2月、三菱に対しあらためて九試中型陸上攻撃機の名称により、一社単独の試作を指示した。三菱は、ひきつづき本庄季郎技師を主務者に配して設計に着手、10年（1935年）6月に1号機を完成させた。

　主、尾翼は、八試特・偵のそれをほぼ踏襲したが、胴体は防御兵装、爆弾/魚雷の懸吊能力を持たせるために全面的に再設計され、正、副操縦員席を並列にしたこともあって、かなり太くなった。

　発動機は、同じ九一式600馬力を搭載したが、カウリングをタウネンド式にして空気力学的に洗練し、主脚をシンプルな1本脚柱にするなどの改修も加えられた。

　戦闘空域以外を飛行するとき、無駄な空気抵抗源とならぬよう、上部防御銃座（前、後の2箇所、7.7mm機銃各1挺）は隠顕式とした点も、従来までの複葉機では考えられなかったメカニズムだった。

　発動機出力は八試特・偵に比べて100hp程度大きくなっただけで、重量は大幅に増したにもかかわらず、テストでは速度、航続性能が一段と向上していることが確認され、海軍は増加試作機を多く発注し、早い時期の実用化を期待した。

　発動機については、この頃、三菱が最初の空冷星型複列14気筒、『金星』の実用化に成功したため、九試中攻はこれ1本に絞ることにしたが、海軍側で乗員配置の異なる"甲案"と"丙案"のいずれを選択するかが決まらず、三菱側をやきもきさせた。

　結局、機首先端に見張窓を設けない、甲案型が選択され、昭和11年6月、九六式陸上攻撃機の名称で制式採用された。

本機の就役からいくらも経ない12年7月、日中戦争が勃発したことで、九六式陸攻も即時動員され、九州、台湾の基地に2個航空隊が展開した。そして、8月14日～16日にかけて3日連続の大陸各地への爆撃作戦を実施したのである。このような長距離爆撃作戦は、かつて世界のいかなる航空戦史上にも前例がなく、我が国の新聞誌上で大々的に報じられた、いわゆる『渡洋爆撃』の名称とともに、列強各国軍事関係者に大きな衝撃を与えた。

大袈裟に言えば、九六式陸攻の出現は、海軍航空戦術に新局面を開いたといってよく、実際、以後の日中戦争における航空進攻作戦は、本機なくしては成り立たなかった。

昭和13年秋以降、中華民国政府が四川省の奥地に後退してしまってからは、中支（大陸中央部のこと）の基地から本機をもってする、いわゆる"奥地爆撃"が、唯一の攻撃手段になった。

日中戦争で、大いにその威力を示した九六式陸攻は、太平洋戦争開戦当時すでに旧式化していたが、開戦3日目に生起したマレー沖海戦に主戦力として臨み、イギリス海軍の2戦艦を雷・爆撃で撃沈するという偉勲をたて、再び全世界に衝撃を与える。この"事件"は、それまで戦艦か航空機かと論じられてきた、軍事力の真の王者が、いずれであるかの答えを、はっきり証明した歴史的な出来事として記録される。

マレー沖海戦を最後の檜舞台にして、九六式陸攻は逐次第一線を退き、後継機一式陸攻と交代した。生産型には一型、二型（のちに一一、二一、二二、二三型に細分化された）があり、中島における転換生産分も含め合計1,048機、他に輸送機型も少数つくられた。

## 三菱 九六式陸上攻撃機［カ-15／G3M］（昭和10年）

**諸元/性能** ※一型［G3M1］を示す
全幅：25.00m、全長：16.45m、全高：3.68m、全備重量：7,642kg、発動機：三菱『金星』三型空冷星型複列14気筒（910hp）×2、最大速度：348km/h、航続距離：4,400km、武装：7.7mm機銃×3、魚雷/爆弾：800kg、乗員：5名

手前は九六式陸上攻撃機二型［G3M2］、奥は一型［G3M1］

## 中島 LB-2試作長距離爆撃機（昭和11年）

　アメリカのダグラス社から、近代旅客機の草分けとされるDC-2のライセンス生産権を取得した中島が、同機を参考に双発長距離爆撃機として自主開発したのがLB-2だった。

　機体は昭和11年（1936年）3月に完成し、海軍の審査をうけた。三菱の九試中攻よりひとまわり大きく重かったが、飛行性能はほぼ同じで、設計的にも遜色はなかった。しかし、九試中攻に魅了されていた海軍はLB-2に興味は示さず、不採用となった。のちに、民間の満州航空に売却され、輸送機として使われた。

**諸元/性能** ※輸送機への改造後を示す
全幅：26.68m、全長：19.33m、全高：5.45m、全備重量：9,630kg、発動機：中島『光』二型空冷星型9気筒（840hp）×2、最大速度：328km/h、航続距離：6,000km、武装：―、爆弾：―、乗員：6～7名

## セバスキー 2PA-B3 複座戦闘機（昭和13年）

　日中戦争が勃発し、陸攻隊に予想外の損害が生じたことを憂慮した海軍が、500km/h近い高速と2,000kmに及ぶ航続距離というカタログ・データに誘惑され、陸攻の掩護戦闘機として使う予定で、昭和13年にアメリカから20機（12機、25機との説もあり）購入したのが本機。

　しかしテストしてみると、速度、航続力はともかく、運動性は極端に悪く、とても戦闘機として使えるシロモノではなかった。そこで、大陸の第十二航空隊に配備し、偵察任務などに使ってはみたが、短期間で内地に送り返され、練習機として使われた。

**諸元/性能**
全幅：10.90m、全長：7.75m、全高：―、全備重量：2,920kg、発動機：ライトサイクロンGR-1820G3B空冷星型9気筒（1,000hp）×1、最大速度：490km/h、航続距離：1,930km、武装：7.7mm機銃×3、爆弾：270kg、乗員：2名

# 航空廠 九六式艦上攻撃機［B4Y］（昭和10年）

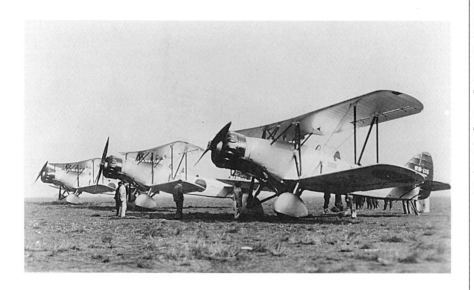

　昭和9年2月、三菱、中島に対する九試艦攻の競争試作を指示する一方、海軍も自ら航空廠に試作を命じた。八九式、九二式と不本意な機体を採用せざるを得なかった、海軍の焦りが感じられる。

　金属製骨組みに羽布張り外皮構造の旧態依然とした複葉機で、ソツなくまとまってはいたが、九試単戦、九試中攻の革新的設計を目のあたりにすると、すでに時代遅れの感は拭えなかった。

　発動機は、官側の強味で液冷九一式（1号機）、空冷『寿』三型（2、3号機）、空冷『光』二型（4号機）と各種揃えて万全を期していた。

　1号機は昭和10年12月に完成し、予測どおりというべきか、三菱、中島機が揃って失敗作となり、九二式に続いてまたしても航空廠機に頼らざるを得なくなった。

　もっとも、『光』二型を搭載した4号機の性能は、複葉機にしてはまずまずで、実用性も悪くはなかったことから、これを原型にしたものを11年11月、九六式艦上攻撃機の名称で制式採用した。生産は、三菱、中島、広工廠が分担して行ない、13年にかけて計200機がつくられた。

　九六式艦攻は、昭和13年に入って空母、基地両部隊配備機が大陸戦線に出動し、小型爆弾による対地攻撃に活躍、革新の後継機九七式艦攻が就役するまでの短期間、それなりに存在感を発揮した。本機は、海軍最後の複葉艦攻となった。

### 諸元/性能

全幅：15.00m、全長：10.15m、全高：4.38m、全備重量：3,500kg、発動機：中島『光』二型空冷星型9気筒（840hp）×1、最大速度：278km/h、航続時間：8.0hr、武装：7.7mm機銃×2、魚雷/爆弾：800kg、乗員：3名

第二章 飛躍 航空自立期

# 愛知 九六式艦上爆撃機[D1A2]（昭和11年）

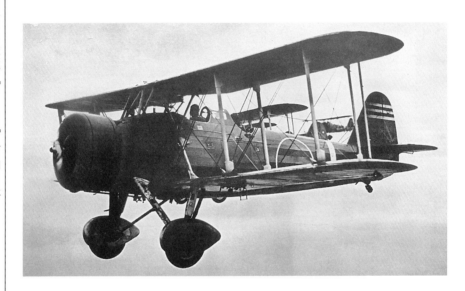

　日本海軍最初の実用艦上爆撃機、九四式艦爆を送り出した愛知は、同機の量産が始まった直後に、早くも改良型の設計に着手し、昭和11年秋、試作1号機を完成させた。

　改良のポイントは、発動機をより高出力の中島『光』一型（730hp）に換装することと、乗員席、主脚まわりなどの細部を、空気力学的に洗練することだった。

　完成した試作機をテストしてみたところ、最大速度は約30km/h増し、上昇力も高度3,000mまで2分20秒も短縮して7分51秒になるなど、性能、実用性両面にかなりの向上が認められた。本来なら、九四式二号艦爆でもよかったのだが、海軍は11月11日に、あらためて九六式艦上爆撃機の名称で制式採用、愛知に対し、本型への量産切り替えを指示した。ただし、記号は九四式二号艦爆に相当する[D1A2]とされた。

　昭和12年に、空母、基地両部隊への就役が本格化した九六式艦爆は、ただちに日中戦争に参加し、その正確無比なピン・ポイント急降下爆撃をもって、地上攻撃に活躍した。

　とりわけ、同年9月の南京に対する空襲作戦では、揚子江上の中華民国海軍艦船を目標にした急降下爆撃が効を奏し、その大半を戦闘不能に陥らせ、艦爆という機種の存在感を改めて知らしめた。

　九六式艦爆は、後継機九九式艦爆が就役したあとも、練習機として重用され、昭和16年12月付けで、改めて九六式練習用爆撃機の名称により"再採用"されている。生産数は、九四式艦爆の2.6倍に相当する、計428機に達した。

### 諸元/性能

全幅：11.39m、全長：9.36m、全高：3.53m、全備重量：2,800kg、発動機：中島『光』一型空冷星型9気筒（730hp）×1、最大速度：309km/h、航続距離：926km、武装：7.7mm機銃×3、爆弾：310kg、乗員：2名

# 渡辺 九六式小型水上機［E9W］（昭和10年）

　日本海軍、というよりも世界で最初の実用潜・偵となった、横廠九一式水上偵察機は、それなりに意義ある存在だったが、実質的には運用研究機の感が強く、実戦機として使うには性能不足だった。

　そのため、海軍は昭和9年2月、他の主要機種と併行して、本格的な潜・偵を得るべく、九州の渡辺鉄工所に対し、九試潜水艦用水上偵察機の名称により試作を命じた。

　渡辺は、樋口良八郎技師を設計主務者にして作業に着手、わずか9ヶ月後の11月に試作1号機を完成させた。発動機は、出力300hpの『天風』を搭載、木金混成骨組みに羽布張り外皮の、ごく一般的形態の複葉、双浮舟の水上機に仕上げてあった。

　性能はともかくとして本機の生命線は、潜水艦の狭い格納筒にいかに要領よく収めるか、その分解、そして引き出しての組み立てを、いかに迅速に出来るかであった。

　完成した試作機を使い、伊号第五潜水艦でテストしたところ、分解には1分30秒、組み立てに2分30秒という好結果が出たことから、海軍は、昭和11年7月、九六式小型水上偵察機（のちに九六式小型水上機と改称）の名称で制式採用した。

　本機の就役により、日本海軍は世界に例のない、潜水艦固有の飛行偵察能力を有し、艦隊決戦の際にきわめて有効な戦力になると考えられた。

　九六式小型水上機は、巡潜三型、甲型、乙型潜水艦30隻以上に搭載され、太平洋戦争初期まで使用され、その後、後継機の零式小型水上機と交代して引退した。生産数は、試作機を含めて計35機。

#### 諸元/性能
全幅：9.98m、全長：7.64m、全高：3.70m、全備重量：1,210kg、発動機：瓦斯電『天風』一一、又は一二型空冷星型9気筒（300hp）×1、最大速度：233km/h、航続距離：732km、武装：7.7mm機銃×1、爆弾：一、乗員：2名

# 中島 九七式艦上攻撃機 [B5N]（昭和11年）

九七式一号艦上攻撃機 [B5N1]

不作が続いた艦攻分野に、一刻も早い近代化をもたらさなければならないと焦燥した海軍は、昭和10年（1935年）、前年の九試艦攻につづいて、十試艦攻の名称で、三たび中島、三菱両社に対し競争試作を指示した。

折しも、ライバルの米海軍では、ダグラス社のTBD艦攻が、ひと足早く全金属製単葉引込脚化を実現しており、日本海軍も十試艦攻の要求書項目中に、はっきりと単葉形態が前提であることを謳っていた。

中島は、中村勝治技師をチーフにして作業に着手、初めて全金属製単発単葉機、しかも採用を見越して、これも初めての油圧引込式主脚を採用したことなどで、設計には非常な苦労を要した。

発動機は、自社製の空冷『光』三型（770hp）を選択、全金属製構造はアメリカから研究用に購入したノースロップ"ガンマ"を、引込脚は同様にチャンス・ボートV-143などを参考に、中島技術陣が独自

のアレンジを施して設計、昭和11年（1936年）12月に1号機を完成させた。

全幅15.5m、面積37.7㎡という主翼は、単発機としては大きすぎる感もあったが、3.6トンに達する大重量機の翼面荷重を低く抑えるのと、最大800kgの魚雷／爆弾を懸吊して、所定の性能を出すには、どうしても必要なものだった。

この大きな主翼は、外側約半分を上方に折りたためるようにしたが、これも、日本海軍機としては最初の試みで、技術陣の苦労したところである。むろん、油圧式の自動折りたたみ装置などはまだ無く、数人がかりの"手動"による操作だった。

少し早く完成した三菱機と、昭和12年2月から比較審査が始まり、性能は両社機とも要求値をクリアしてほぼ同等。実用面についても、それぞれに長、短所あって甲、乙つけ難く、採否決定まで9ヶ月を要した。だが最終的に、無難な固定脚を採った三菱機に比べ、将来性という点で中島機に1日の長があ

## 中島 九七式艦上攻撃機 [B5N] (昭和11年)

り、ということで、12年11月、九七式一号艦上攻撃機の名称により制式採用された。もっとも、三菱機も不合格にするのはしのびない出来だったため、中島機の補助という扱いで、九七式二号艦上攻撃機として採用されている。

九七式艦攻により、懸案だった艦攻の近代化を成し遂げた海軍は、艦隊航空隊戦力という面で、米海軍と対等にわたり合う自信を持つことができたが、本機もまた、当面の活躍の場は海ではなく、日中戦争たけなわの大陸戦線だった。

大陸での九七式艦攻は、主に陸上基地部隊所属機による対地支援任務が中心で、六番 (60kg)、二五番 (250kg) 爆弾を使っての水平爆撃を専らとした。

しかし、本機の檜舞台はなんといっても、太平洋戦争開戦劈頭のハワイ作戦で、真珠湾内に停泊中の米海軍太平洋艦隊の戦艦群を、空母搭載機が、鮮やかな雷撃、爆撃で壊滅させたことであろう。水上艦船に対する航空攻撃の威力がどれほどのものか、全世界の軍事関係者に与えた衝撃は、図り知れぬほど大きかった。

この事実を、文字どおり目のあたりにした米海軍は、ただちに軍備構成を航空母艦と艦載機中心に切り替え、太平洋戦争後半に決定的な力をもつことになるのである。

しかし、航空攻撃力の強さを身をもって証明した九七式艦攻は、旧式化により以後の熾烈な航空戦では損害の多さと裏腹に、華々しい戦果は挙げられず、実質的に昭和17年いっぱいをもって第一線機としての命脈は尽きた。生産数は、発動機を『栄』に換装した三号を含め、計1,250機以上。

**諸元/性能** ※三号型を示す
全幅:15.51m、全長:10.30m、全高:3.70m、全備重量:3,800kg、発動機:中島『栄』一一型空冷星型複列14気筒 (970hp)×1、最大速度:377km/h、航続距離:1,990km、武装:7.7mm機銃×1、魚雷/爆弾:800kg、乗員:3名

九七式三号艦上攻撃機 [B5N2]

# 三菱 九七式二号艦上攻撃機 [B5M1] (昭和11年)

　中島の十試艦攻とともに競争試作された機体。中島機が英断をもって油圧引込式主脚を採用したのに対し、本機は失敗のリスクが無い固定脚としたことで、外観は古めかしく感じられるが、発動機に中島機の『光』三型より30％も出力が大きい、自社製の『金星』三型 (1,000hp) を使うことができたため、重量が少し重いわりに、諸性能はほとんど変わらず、要求値をクリアしていた。

　試作1号機は、昭和11年11月に完成し、翌年2月から比較審査に臨んだ。性能が伯仲しており、実用面でもそれぞれ一長一短あって甲乙つけ難く、なかなか採否決定できなかった。しかし、最後は引込脚に象徴される、中島機の将来性という点がキメ手となり、三菱機は次点となった。

　ただ、三菱機も不採用とするには惜しい出来だったことから、中島機の補助という名目で、九七式二号艦上攻撃機の名称により制式採用された。このような例は他にほとんどなく、稀有なことではあった。

　もっとも、中島が発動機を『栄』に更新した三号型を完成させるにおよび、三菱機の存在価値は急速に低下、生産は150機程度で打ち切られ、中島機の1/8にとどまった。

　九七式二号艦攻は、日中戦争にも投入されず、ほとんど練習機として生涯を終えたが、ジャワ島に展開した第三十三航空隊に配属された機体は、昭和18年頃まで、練習機としてだけではなく、基地周辺の哨戒任務に従事した。

### 諸元／性能

全幅：15.30m、全長：10.32m、全高：4.24m、全備重量：4,000kg、発動機：三菱『金星』四三型空冷星型複列14気筒 (1,000hp)×1、最大速度：380km/h、航続時間：9.3hr.、武装：7.7mm機銃×1、魚雷／爆弾：800kg、乗員：3名

# 中島 九七式艦上偵察機［C3N1］(昭和11年)

　大正10年試作の三菱一〇式艦偵以後、海軍は専用の艦上偵察機を開発するのをやめ、艦上攻撃機の転用で間に合わせてきたが、昭和10年になり、何故か中島に1社特命で、十試艦偵の名称で試作を命じた。

　中島は、試作時期を同じくする十試艦攻の設計を多く流用し、発動機も同じ『光』を搭載した機体を、十試艦攻に先がけて11年10月に完成させた。

　任務の違いもあって、主翼は十試艦攻よりはひとまわり小さく、主脚は固定式としていたが、外観はよく似ていた。

　テストの結果、飛行性能は十試艦攻を凌ぐほど良好、実用性も問題なしということで、12年9月、九七式艦上偵察機の名称により制式採用が決定した。

　しかし、折からの日中戦争では、九七式艦攻が偵察任務も充分にこなしており、敢えて専用機を必要とする雰囲気はなかった。そのため、九七式艦偵は、制式採用になりながら生産発注は出されず、試作2機で終わってしまった。貴重な労力と時間を空費しただけの結果は、当局の判断ミスと責められても仕方のないところだ。

　九七式艦偵のあと、海軍は数年間艦偵の開発は控えたが、昭和17年になって、再び『彩雲』の開発を中島に命ずることになる。

　なお、2機の九七式艦偵は、中国大陸に展開した第十二航空隊に配備され、かなり長期間にわたり使用され続け、その任務を全うした。

**諸元/性能**
全幅：13.95m、全長：10.00m、全高：—、全備重量：3,000kg、発動機：中島『光』二型空冷星型9気筒（840hp）×1、最大速度：387km/h、航続距離：2,278km、武装：7.7mm機銃×2、爆弾：—、乗員：3名

# 川西 十一試水上中間練習機[K6K] (昭和13年)

　実用機の性能向上にともない、海軍は昭和11年、九三式水上中間練習機よりも1ランク上の性能をもつ機体を、十一試水上中間練習機の名称により、川西、渡辺の両社に競争試作を命じた。

　九三式水中練の転換生産を担当していた川西は、同機の長所と九四式水偵で培った経験を採り入れ、13年4月に1号機を完成させた。発動機は、海軍の指定により中島『寿』二型改一とし、機体は、木金混成骨組みに羽布張り外皮の、極くオーソドックスな複葉、双浮舟形態を採っていた。

　川西は、計3機の試作機をつくり海軍の審査を受けたが、離着水時の操縦、安定性の悪さと性能不足を指摘された。大幅な改修設計を加えたものの、結局、目立った改善はみられず、不採用になった。

### 諸元/性能
全幅：12.20m、全長：9.30m、全高：4.00m、全備重量：1,800kg、発動機：中島『寿』二型改一空冷星型9気筒（580hp）×1、最大速度：232km/h、航続時間：6.0hr.、武装：7.7mm機銃×2、爆弾：60kg、乗員：2名

# 渡辺 十一試水上中間練習機[K6W] (昭和12年)

　川西機とともに、昭和11年度の十一試水中練の競争試作に応じた機体。発動機は、海軍指定の『寿』二型改一で、全体の感じは、先の九六式小型水上機に似た、標準的な複葉、双浮舟形態だった。

　詳しいデータが残されていないので具体的にはわからないが、昭和12年中につくられた3機の試作機による川西機との比較審査では、やはり離着水時の操縦、安定性が悪く、ともに不採用を通告された。これは、とりもなおさず、九三式中練が無類の操縦、安定性の良さを持ち、練習機として傑出していたということに他ならない。

### 諸元/性能
不詳

## 瓦斯電 千鳥号特用輸送機［KR-2］(昭和9年)

　昭和8年、東京瓦斯電気工業(株)は、イギリスから購入した、デ・ハビランドD.H.83フォックス・モス小型旅客機を国産化したKR-1を自主製作し、『千鳥号』の愛称で民間に販売した。

　このKR-1の主翼を再設計したKR-2が海軍の審査をうけて採用となり、6機が納入されて要人輸送機として使われた。航空母艦にも搭載され、入港前の打ち合わせなどを担当する人員を乗せて発艦、最寄りの基地まで運んだりした。

### 諸元/性能
全幅：9.20m、全長：7.70m、全高：2.70m、全備重量：980kg、発動機：瓦斯電『神風』三型空冷星型7気筒(160hp)×1、最大速度：215km/h、航続距離：750km、武装：―、爆弾：―、乗員：1名、乗客：3名

## 航空廠 実験用飛行機［MXY1］(昭和14年)

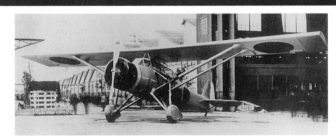

　航空自立の気運が高まったのと併行し、海軍航空廠において、各種の空気力学実験を行なうこととなった。そのうえで専用機が必要となり、昭和10年(1935年)以降、長い期間をかけて設計をすすめ、同14年(1939年)に完成させたのが本機。

　機体は、空冷『光』発動機を搭載したパラソル翼形態の固定脚機で、細長い矩形主翼と、それを支える、左、右2本ずつの長い斜主柱が特徴だった。

　日本最初の空力実験機ということもあって周囲の期待も高かったが、発動機を始動するとひどい振動を発し、とても実験に使えるようなシロモノではないことがわかり、ろくに飛行せずに解体されてしまった。詳しいデータは残っていないが、操縦員の他、胴体内に各種実験装置と4名の乗員を収容できたらしい。

### 諸元/性能
不詳

第二章 | **飛躍** 航空自立期

# 三菱 十一試機上作業練習機 [K7M]（昭和13年）

　好評を博した九〇式機作練に代わる新型機として、昭和11年、三菱が海軍から1社特命により、試作受注した機体。九〇式機作練は単発だったが、本機は最初から双発と指示されており、これは、多数の就役が見込まれた九六式陸攻の乗員を急速に育てること、同機は双発なので、同じ形態が望ましいこと、遠く洋上に進出して訓練を行なう必要から、安全面を考慮して、などの思惑から決定された。

　三菱は、由比技師を主務者に配して設計に着手、海軍側は、コスト低減、生産性の向上などの理由から木製構造を勧めたが、三菱側は全金属製に自信があり、設計工夫によりコスト低減も可能と判断し、全金属製構造を採った。

　発動機は、実用面に定評のあった瓦斯電『天風』（300hp）を選定し、操縦員、教員の他、練習生5〜6名を収容できる箱型断面の広い胴体に、外翼にのみ上反角をつけた直線テーパー形の主翼を、肩翼配置に組み合わせたスタイルとした。練習機という性格上、主脚は固定式にし、左、右ナセルの下に突き出す形に取り付けた。

　試作機2機は昭和13年中に完成し、ただちに海軍の審査をうけた。その結果、飛行性能、実用性ともに、成績優秀と判断されのだが、時あたかも日中戦争たけなわで、三菱は九六式艦戦、九六式陸攻の量産に全力をあげてもらわなければならない状況だったこと、また海軍内の一部に、本機は練習機として贅沢過ぎるとの声もあったりして、ついに採用は見送られた。

### 諸元/性能

全幅：20.00m、全長：13.26m、全高：3.46m、全備重量：3,800kg、発動機：瓦斯電『天風』空冷星型9気筒（300hp）×2、最大速度：260km/h、航続距離：926km、武装：7.7mm機銃×1、爆弾：90kg、乗員：7名

# 愛知 九八式水上偵察機［E11A］(昭和12年)

　海軍内で異色の存在ともいうべき夜間水上偵察機は、昭和11年に採用された九六式水偵が嚆矢となったが、同機は基本的にその前作、六試夜偵の設計を踏襲していたせいもあって、制式採用時点でその古めかしさは否定できなかった。

　そこで、海軍は九六式水偵の採用と前後し、早くも同機の後継機となるべき機体を、愛知、川西両社に試作指示した。名称は十一試特殊偵察機だった。

　愛知は、九六式水偵と同じく森盛重技師を主務者として設計に着手、12年6月に1号機を完成させた。

　発動機は、九六式水偵と同じ九一式液冷W型12気筒（620hp）で、推進式形態に固定したのも同様だったが、固定位置は上、下翼間ではなく、川西九試夜偵のように、上翼中央に串刺しになるよう形にしたのが大きな違いだった。

　艇体、主、尾翼の構造、形状なども、基本的には九六式水偵のそれを踏襲したが、細部にはかなりの空気力学的洗練が加えられていた。

　海軍による審査では、飛行性能面において九六式水偵を大幅に凌ぐほどの向上はみられないが、競・試相手の川西機に比較すれば、操縦、安定性は格段に優れており、13年6月、九八式水上偵察機の名称で制式採用された。

　もっとも、夜偵そのものの需要が少ないうえ、浮舟付き水上機の性能、実用性が急速に向上し、九四式水偵なども、夜偵として充分転用できることがわかったため、九八式水偵の生産はわずか17機で打ち切られ、夜間偵察機という種別も本機をもって廃止された。

### 諸元/性能

全幅:14.49m、全長:10.71m、全高:4.52m、全備重量:3,300km、発動機:愛知九一式二二型液冷W型12気筒（620hp）×1、最大速度:217km/h、航続距離:1,945km、武装:7.7mm機銃×1、爆弾:―、乗員:3名

# 川西 十一試特殊水上偵察機 [E11K] (昭和12年)

愛知の九八式水偵と同時に競争試作された機体で、試作1号機も同じ12年6月に完成した。本機は無難な複葉形態の愛知機とは対照的に、当時の日本海軍水上機、飛行艇の設計概念からは、およそかけ離れたラディカルな形態を採っていた。

艇体は"ドジョウ"を連想させるような、丸みの強い細長い形をしており、この艇体に、付け根すぐ近くで屈折する"ガル翼"の片持単葉主翼を、肩翼配置に付けていた。補助浮舟は翼端に位置し、飛行中は外側に引き上げて、空気抵抗を減少するようにした点も、それまでの海軍水上機には見られない斬新メカだった。

もっと驚くのは発動機装備法で、主翼付け根部の艇体上面に高い櫓を組み、その上に九一式液冷W型12気筒を推進式に固定したのである。何故こんな方法を採ったのかといえば、離着水時に海水の飛沫を浴びないようにするためだった。ラジエーターの装備法も奇抜で発動機から遠く離れた、艇体後部上に突き立ててあった。

試作機は、愛知機といっしょに海軍に領収され、比較審査をうけたが、速度はいくらか勝ったものの、その奇抜な外観に比例して?、操縦、安定性がかなり悪く、敢えなく不採用になった。

その後2機の試作機は、地上移動用車輪を取り付けて海軍実用機登録され、九七式輸送機の名称で、要人輸送、連絡任務などに使われている。

### 諸元/性能

全幅：16.19m、全長：11.90m、全高：4.50m、全備重量：3,300kg、発動機：九一式一型液冷W型12気筒(620hp)×1、最大速度：231km/h、航続距離：1,518km、武装：7.7mm機銃×1、爆弾：―、乗員：3名

# 三菱 九八式陸上偵察機 [C5M]（昭和12年）

　日中戦争が勃発し、陸上基地から運用できる、長距離戦略偵察機のような機種の必要性に迫られた海軍は、陸軍に頭を下げて、当時その快速ぶりが話題になっていた、九七式司令部偵察機（キ15）の海軍版を、三菱に生産させる許可を得た。

　九七式司偵は中島『ハ8』（海軍名称『寿』）発動機装備だったが、海軍版は三菱『瑞星』（陸軍名称『ハ26』）に換装され、内部艤装の一部を海軍仕様に改めたことが主な相違で、昭和13年に九八式陸上偵察機の名称により制式兵器採用された。

　当時の海軍の主力艦戦である九六式艦戦をも凌ぐ470km/hの快速は大きな武器で、敵戦闘機の追尾を楽々とかわし、重要な戦略目標の動向を掌握できた。海軍の大陸航空作戦立案は、本機による偵察情報なしには不可能だったとさえいえる。

　昭和15年（1940年）7月、中国大陸に新鋭零式艦上戦闘機が配備されると、同機の長距離進攻能力を生かすため、九八式陸偵の偵察情報は一段とその重要度を増した。同年9月13日、零戦隊が重慶上空にて初めて華々しい空中戦勝利をあげたのも、九八式陸偵が事前に敵戦闘機の動向をキャッチし、的確な情報を零戦隊に知らせたことで、可能になったものだ。

　太平洋戦争緒戦の南方進攻作戦でも活躍したが、その後は、二式陸偵、陸軍から借用した一〇〇式司偵に交代して第一線を退いた。生産数は『栄』発動機に換装した一二型30機を含めて計50機と意外に少ない。

**諸元/性能** ※一二型[C5M2]を示す
全幅:12.00m、全長:8.70m、全高:3.46m、全備重量:2,345kg、発動機:中島『栄』一二型空冷星型複列14気筒（940hp）×1、最大速度:487km/h、航続距離:1,100km、武装:7.7mm機銃×1、爆弾:—、乗員:2名

第二章 飛躍 航空自立期

# 川西 九七式飛行艇［H6K］（昭和11年）

九七式飛行艇二二型［H6K4］

　九六式艦戦、九六式陸攻という"革新機"を生んだ、昭和9年度の九試計画のなかには、もう1種、日本航空技術史上に特筆すべき機体があった。それが、九七式飛行艇である。

　艦船の行動範囲が拡大するにつれ、従来の双発飛行艇では能力不足となったため、海軍は昭和9年、川西に対して九試大型飛行艇の名称により正式に試作発注した。

　海軍の要求した性能スペックのうち、航続力の値が抜きん出ており、巡航速度120kt（222km/h）にて、2,500浬（4,630km）という途方もないものだった。現用の九一式飛行艇のそれが、2,300km程度だったから、一気に2倍に飛躍した。

　すでに前年の研究により、川西は次期飛行艇は四発機が望ましいと考えており、菊原静男技師を主務者として、海軍最初の四発大型機の設計に着手した。

　念入りな風洞実験を通して、要求性能を満たすには従来の概念にとらわれていては不可能、との見地から、艇体は上、下幅を思いきって小さくし、これにアスペクト（縦横）比9.4という、全幅40mに及ぶ細長い主翼を、パラソル形態に取り付けることにした。

　発動機の装備法も、従来はなるべく高い位置が望ましいという理由で、櫓式が定番だったが、川西設計陣は、主翼前縁に1列に並べて固定することにした。これは、パラソル形態により、水面から充分な高さが確保できていたからに他ならない。のちに、多発機の発動機装備法はこの形態が常識になったが、当時としては斬新なことだった。

　内部構造面で特筆すべきことは、巨大な主翼の強度を確保するために、上面外皮の内側に、桁と平行に波状鈑、いわゆる"ナマコ板"を張り、2重外皮としたこと。これによって、重量を大幅に増加することなく、飛行中の曲げや捩れの負荷に耐える強度を持たせることができた。

　試作1号機は、昭和11年（1936年）7月に初飛行し、搭載予定だった三菱『金星』四〇型発動

## 川西 九七式飛行艇 [H6K]（昭和11年）

機（1,000hp）が間に合わず、低出力の中島『光』（710hp）を仮搭載していたにもかかわらず、速度、航続距離などの諸性能で海軍の要求値を満たしていることがわかった。

総重量15トン強、未経験の大型四発機を、これほど見事な成功作に仕上げた川西設計陣の技術力は、欧米先進国と対等、あるいはそれらを凌ぐほどの水準に達していたと言っても過言ではない。

所要の実用試験を済ませたのち、九試大艇は昭和13年（1938年）1月、九七式一号飛行艇の名称で制式採用され、新たに編成された大型飛行艇専門部隊、横浜航空隊に就役開始した。

九七式飛行艇の登場により、日本海軍の艦隊決戦能力はさらに向上したのだが、折りからの日中戦争は陸上での戦いのため本艇の出番はなく、専ら訓練に集中した。

太平洋戦争が始まり、今度は大型飛行艇の活躍場面が来ると思われたが、戦いは皮肉にも日本海軍が先鞭をつけた航空戦主導のまま推移、ついに本来の用途で華々しく活動する機会のないまま終わってしまった。

むろん、欧米の同種機と同様に、九七式飛行艇も、哨戒、索敵、連絡などの諸任務を相応にこなしたのだが、陸上航空機の飛躍的発達により、制空権のない地域では損害が多く、中期以降は後方連絡、輸送任務などに限定して使われた。

生産数は『金星』発動機搭載の二号型を中心に、輸送機型を含めて計215機に達し、四発大型機としては日本最多記録。なお、昭和17年の型式名称基準変更により、『光』搭載型は一一型、『金星』搭載型は二二、および二三型となった。輸送機型は、九七式輸送飛行艇と称した。

**諸元/性能** ※二二型を示す
全幅：40.00m、全長：25.63m、全高：6.27m、全備重量：17,000kg、発動機：三菱『金星』四六型空冷星型複列14気筒（1,000hp）×4、最大速度：340km/h、航続距離：4,797km、武装：7.7mm機銃×4、20mm機銃×1、魚雷/爆弾：1,600kg、乗員：9名

九七式飛行艇二二型 [H6K4]

# 航空廠 九九式飛行艇［H5Y］(昭和11年)

　川西の意欲作、九試大型飛行艇は、成功すれば画期的な存在になるとは予測されたが、海軍は、同機が万一失敗したときの備えとして、航空廠に"保険機"ともいうべき、九試中型飛行艇を試作指示した。

　本艇は試作名称の"中型"が示すように、無難な双発、総重量も10トン程度におさえ、リスクを小さくしていた。

　ただし、海軍は性能面では譲歩せず、九試中艇の航続力は、九試大艇と同等の巡航速度120kt（222km/h）にて2,500浬（4,630km）というハイ・レベルを要求した。これは、とりもなおさず、本艇に九試大艇以上の空気力学洗練を加えない限り、実現不可能ということを意味していた。

　広廠で長く飛行艇開発に携わってきた、岡村純造兵中佐を主務者にした技術陣は、発動機に、三菱が『金星』を凌ぐ高出力を期待して試作中の『震天』(1,200hp)を選び、艇体、主翼ともに九試大艇に準じた、高ビーム荷重、パラソル翼、双垂直尾翼の形態にまとめ、各部にいっそうの洗練を加えることにして設計をすすめた。

　試作1号機は、昭和11年中に完成し、速度は九試大艇とほぼ同等ながら、注目の航続力は、要求値を満たしていることが確認された。ただ、空気力学的洗練を追及した反動で、離着水時の安定性に欠け、その改善に長期を要した。

　そして、昭和15年(1940年)2月、ようやく実用段階に達したと判断され、九九式飛行艇の名称で制式採用されたが、九試大艇が予想以上の成功作となって本艇の存在意義は薄れ、わずか20機の生産で打ち切られた。

### 諸元/性能
全幅：31.56m、全長：20.45m、全高：6.71m、全備重量：11,500kg、発動機：三菱『震天』二一型空冷星型複列14気筒(1,200hp)×2、最大速度：306km/h、航続距離：4,730km、武装：7.7mm機銃×3、爆弾：500kg、乗員：6名

## 中島 十一試艦上爆撃機 [D3N]（昭和13年）

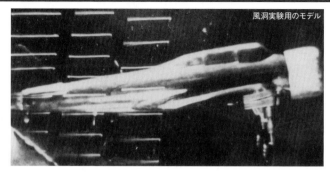
風洞実験用のモデル

愛知の九九式艦爆と同時に製作された機体で、自社製『光』発動機を搭載し、急降下の際に、引込式主脚をエア・ブレーキの代わりに使える（車輪を90度回転させた）ようにするなど、斬新な発想を取り入れた意欲作だった。

試作1号機は昭和13年3月に完成し、愛知機と比較審査されたが、『金星』発動機に換装した愛知の2号機に対し、一般性能が劣ったため不採用になった。

### 諸元/性能
全幅：14.50m、全長：8.80m、全高：2.80m、全備重量：3,400kg、発動機：中島『光』一型空冷星型9気筒（820hp）×1、最大速度：352km/h、航続距離：1,519km、武装：7.7mm機銃×3、爆弾：310kg、乗員：2名

## 航空廠 十二試特殊飛行艇 [H7Y]（昭和14年）

原型となったドルニエDo26

アメリカ海軍を戦略上の仮想敵としていた日本海軍は、米海軍の太平洋方面における根拠地、ハワイの情況をつぶさに監視したいがため、昭和12年（1937年）、本土～ハワイ間を無着水で往復できる飛行艇の開発を決め、航空廠に設計を命じた。

要求性能は、航続力5,000浬（9,260km）という途方もないもので、とても独力では実現不可能と思われた。幸い、当時ドイツのドルニエ社が試作していた、Do26と称するディーゼルエンジン双発の飛行艇が、ほぼ同等の航続力を目指していることがわかり、同機を参考にして、昭和14年（1939年）に完成させた。エンジンは、むろん同型のユモ205を輸入して搭載していた。

しかし、テストでは多くの欠点が指摘されたうえ、その運用構想自体が疑問視されるようになったことから、途中で計画中止になった。詳しいデータ、写真は残されていない。

### 諸元/性能
不詳

# 愛知　九九式艦上爆撃機［D3A］（昭和12年）

九九式艦上爆撃機一一型［D3A1］

　米海軍が、すでに1934年（昭和9年）度発注の次期新型機試作において、全金属製単葉艦爆を開発していることに鑑み、日本海軍も、昭和11年（1936年）、九六式艦爆に代わる後継機として、愛知、中島、三菱の3社に競争試作を指示した。この競・試に勝利し、採用を勝ち取ったのが本機。

　試作受注した愛知は、技術提携していたドイツのハインケル社機の定番といえる楕円形主翼に、細長いスマートな形の胴体を組み合わせ、主脚を敢えて固定式にした、中島『光』発動機搭載の全金属製単葉機を、12月12日に完成させた。

　本機は、単葉機の急降下速度が、従来の複葉機に比べて著しく過大になるのを防ぐために、左、右主翼下面の前縁寄りに、ドイツのユンカースJu87 "シュトゥーカ"と同型の制動板（エア・ブレーキ）を付けていたことが注目された。

　試作機をテストしてみると、速度、上昇、航続力などの一般性能はともかく、補助翼操作の重過ぎ、不意自転、方向安定不足など、実用面に関する欠点が意外に多かった。そのため海軍は、愛知に対して、三菱『金星』四〇型系発動機（1,070hp）を搭載する増加試作機を使っての、徹底した改修を命じた。

　その結果、昭和14年（1939年）に至って、どうにか上記欠点が修正され、中島機との比較審査のすえ、同年12月、九九式艦上爆撃機の名称で制式採用された。なお、三菱は、他にも試作を多く抱えていて余裕がないことなどの理由で、途中から競・試を辞退していた。

　昭和15年（1940年）春以降、九九式艦爆は陸上基地部隊配備機が、折りからの日中戦争に投入され、地上軍支援、大陸奥地に対する長距離攻撃作戦などに活躍した。

# 愛知　九九式艦上爆撃機［D3A］（昭和12年）

太平洋戦争開戦当時、本機は零戦、九七式艦攻とともに、空母部隊の花形トリオとして君臨しており、開戦劈頭のハワイ作戦、インド洋作戦など、緒戦期の海軍航空隊躍進の原動力になった。とりわけ、インド洋作戦における、イギリス海軍極東艦隊を相手にした戦いでは、急降下爆撃の命中率82〜83％という驚異的な高さで圧勝、全世界にその威力を知らしめた。

しかし、昭和17年（1942年）夏以降、ソロモン諸島をめぐる米軍航空戦力との激烈な消耗戦を境に、九九式艦爆の低速と貧弱な防弾装備が致命傷になり損害が急増、搭乗員間では"九九式棺桶"などと揶揄されるほど凋落してしまった。

それでも、後継機『彗星』の実戦配備が思ったように進まないため、発動機を『金星』五四型（1,300hp）に更新した二二型が17年末から生産に入り、翌年末頃まで苦しい戦いを続けた。

そして、フィリピン攻防戦から開始された神風特別攻撃隊による体当たり攻撃にも、零戦や彗星とともに多数が投入され、その使命を終えた。

開発時期を同じくし、性能もほぼ同等だった、ライバルの米海軍SBDドーントレスが、5,900機以上も生産され、1944年まで第一線機として遜色なく活躍したのに対し、九九式艦爆の生産数は、一一、二二型あわせても、1,515機にとどまり、後半生の苦闘を考えると、彼我の国力差を痛感せざるを得ない。

**諸元/性能** ※一一型を示す
全幅：14.40m、全長：10.20m、全高：3.08m、全備重量：3,650kg、発動機：三菱『金星』四四型空冷星型複列14気筒（1,070hp）×1、最大速度：381km/h、航続距離：1,472km、武装：7.7mm機銃×3、爆弾：370kg、乗員：2名

九九式艦上爆撃機二二型［D3A2］

# 三菱 零式観測機［F1M］（昭和11年）

原型機の十試水上観測機［F1M1］

　それまで、主力艦同士の砲撃戦に際し、味方艦と敵艦の中間点上空にあって弾着観測を行なう任務は、複座水上偵察機が担当することになっていた。

　しかし、昭和10年（1935年）頃になると、空母搭載の艦上戦闘機の性能が向上し、これを妨害される恐れも出てきた。そこで、敵の艦上戦闘機と遭遇しても、ある程度の空中戦をこなし得る、新発想の弾着観測機という構想が生まれ、同年2月、日本海軍は愛知、川西、三菱の3社に対し、十試水上観測機の名称で競争試作を促した。これに勝って採用されたのが本機。

　状況的には、全金属製単葉形態が妥当だったが、射出機発進、空中戦性能などの要素を加味し、三菱は敢えて旧態依然とした複葉形態を採り、そのかわり、浮舟や同支柱なども含めて、機体の洗練、空気抵抗減少に最大限の意を払うことにした。

　発動機は当時、自社が試作中の空冷『瑞星』（800hp）を予定していたが、実用化は少し先とみられたので、中島『光』一型（820hp）を搭載し、1号機は、昭和11年6月に完成した。

　社内試験の段階で方向安定不足が判明したため、垂直尾翼形状、浮舟容積の変更を何度か試みた末、12月2日になってようやく海軍に領収された。

　海軍のテストでは、一般的な性能は要求値をクリアしているものの、空中戦の際に垂直旋回、宙返りを行なうと不意自転に陥る悪癖が指摘され、主翼への振り下げ角付与、上反角増加、垂直尾翼面積の逐次増加など、当初の外観と大きく異なるほどの改修が繰り返された。

　ライバルの愛知機（川西は途中で競・試を辞退）も性能的に伯仲していたため、海軍の審査は長期にわたり、ようやく三菱機を零式観測機の名称で制式採用することが決定したのは、実に昭和15年（1940年）12月のことで、競・試指示からは5年10ヶ月も経っていた。

　"生みの苦しみ"が長かったぶん、就役した零観の評価は高く、とくにその空中戦性能は、"名機"九六式艦戦のそれにも匹敵するといわれた。欧、米

## 三菱 零式観測機 [F1M] (昭和11年)

列強国にも類似機がない、日本海軍独特の水上機の誕生である。

もちろん本機は弾着観測だけでなく、従来の複座水偵の任務も難なくこなせたので、実質的には、九五式水偵の後継機という存在になった。

太平洋戦争で構想通りに主力艦同士の艦隊決戦が生起すれば、零観は本来の働き場を得て大いに活躍したかもしれぬ。しかし、時代は急激に変わり、もはや闘いの勝敗を決するのは航空戦力の如何であり、艦隊決戦は昔日の夢と化していた。

それでも、零観は複座水偵の任務に黙々と従事し、艦載、基地双方の部隊から好評を博した。とりわけ、水上機母艦の搭載機を集結させて、ソロモン戦域に展開した『R方面航空部隊』の活躍は、まさに零観の面目躍如といったところで、基地の防空、船団掩護、ガダルカナル島に上陸した米軍地上部隊に対する夜間爆撃などにフル稼働して、その存在感を示した。

米軍側の陸上航空機と遭遇し、空中戦を行なった例も再三あり、二式水戦と共同して四発重爆B-17を撃墜したこともあった。

しかし、昭和18年(1943年)に入ると、航空戦はさらに熾烈の度を増し、零観に限らず水上機が最前線を昼間行動できる状況ではなくなり、後方任務が主となった。もっとも、零観は終戦まで基地用の沿岸哨戒、対潜哨戒任務などに従事し続けた。生産数は、練習機型を含めて計1,118機にも達し、この種の水上機としてはきわめて多い。それだけ重宝されたということだろう。

### 諸元/性能

全幅:11.00m、全長:9.50m、全高:4.16m、全備重量:2,550kg、発動機:三菱『瑞星』一三型空冷星型複列14気筒(875hp)×1、最大速度:370km/h、航続距離:740km、武装:7.7mm機銃×3、爆弾:120kg、乗員:2名

零式観測機一一型 [F1M2]

# 愛知 十試水上観測機 [F1A] (昭和11年)

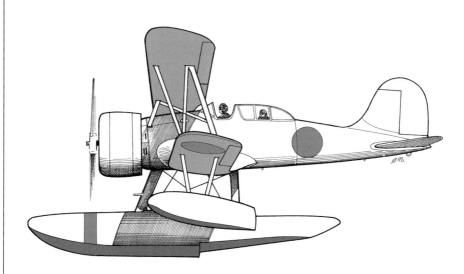

　三菱の零観と競争試作された機体。発動機は中島『光』一型を搭載し、川西とともに長年にわたって水上機設計に携わってきた愛知らしい、洗練された複葉形態にまとめてあった。

　試作機は昭和11年中に2機完成したが、1号機は水上機、2号機は車輪付きの陸上機としたことが特異だった。性能は三菱機に比較して遜色なかったのだが、最終的に主翼構造が木製という点が印象を悪くし、不採用になった。

### 諸元/性能
全幅：11.00m、全長：9.30m、全高：4.10m、全備重量：2,100kg、発動機：中島『光』一型空冷星型9気筒(820hp)×1、最大速度：394km/h、航続距離：1,450km、武装：7.7mm機銃×2、爆弾：―、乗員：2名

# 中島 十二試二座水上偵察機 [E12N] (昭和13年)

　愛知のE12Aと採用を争った機体。発動機は海軍指定の三菱『瑞星』を搭載し、愛知機ほどの優雅な外形ではないが、直線テーパー形の主翼をもつ、低翼単葉双浮舟水上機だった。

　軽量に仕上げた新技法の主翼構造、スロッテッド・フラップ、急降下爆撃機のような、プロペラ回転圏外に出すための爆弾投下アームなど、多くの新機軸を採り入れた意欲作ではあった。

　しかし、13年末に2機完成した試作機をテストしてみると、愛知機と同じように操縦、安定性が悪く、ともに不採用になった。

### 諸元/性能
全幅：13.00m、全長：10.50m、全高：3.50m、全備重量：2,850kg、発動機：三菱『瑞星』空冷星型複列14気筒(870hp)×1、最大速度：361km/h、航続距離：1,065km、武装：7.7mm機銃×3、爆弾：250kg、乗員：2名

# 愛知 十二試二座水上偵察機 [E12A] (昭和13年)

　結果的に零観が九五式水偵の後継機になってしまったが、海軍は当初からそう考えていたわけではなく、昭和12年(1937年)6月、"正統"な後継機を得るため、愛知、中島の両社に、十二試二座水上偵察機の名称で競争試作を指示していた。名称が、従来からの複座ではなく二座としてあるのは、同時期に十二試三座水上偵察機の競争試作も行なわれており、それと区別するためだった。

　愛知は、松尾技師を主務者に配して設計に着手し、13年末に2機の試作機を完成させた。発動機は、海軍が指定した三菱『瑞星』を搭載し、細く洗練された胴体に、ハインケルの流れを汲む美しい楕円平面形の単葉主翼と、双浮舟を組み合わせた、見るからに新鮮なイメージを与える機体に仕上げてあった。

　しかし、テストしてみると、外形の美しさに反して操縦、安定性が悪く、実用化は無理と判定され、中島機ともども不採用を通告された。

　不採用になったものの、本機の設計は同時平行で試作を進めていた十二試三座水偵に生かされ、その成功に大きく貢献することになる。楕円平面形の主翼、2本の主柱と張線だけで固定される簡素な双浮舟などが、そっくり受け継がれたことでも、よくわかる。

　なお、本機が採用した恒速プロペラは、海軍機として最初の試みであり、以降、これが標準化していったことを思えば、十二試二座水偵は、海軍航空技術史上からも重要な機体だったといえる。

### 諸元/性能
全幅:13.00m、全長:10.44m、全高:3.45m、全備重量:2,850kg、発動機:三菱『瑞星』空冷星型複列14気筒(870hp)×1、最大速度:361km/h、航続距離:1,065km、武装:7.7mm機銃×3、爆弾:250kg、乗員:2名

# 航空廠 零式小型水上機 [E14Y]（昭和13年）

伊号第二十九潜水艦から射出機発進する直前の零式小型水上機

　実質的に最初の実用潜偵となった、九六式小型水上機の後継機として就役したのが本機。試作指示が出されたのは意外に早く、九六式小型水上機が制式採用された翌年の昭和12年（1937年）で、名称は十二試潜水艦用偵察機だった。

　設計は海軍自ら航空廠に命じて行なったが、発動機は九六式小型水上機と同じ『天風』（340hp）で、低翼単葉化による性能向上と、分解、組み立て時間の短縮を主眼にしていた。

　単葉機とはいえ、軽量に仕上げる必要があって、機体構造は木金混成骨組みに羽布張り外皮で、双浮舟が全金属製という、九六式小型水上機と変わらないものだった。

　試作1号機は昭和13年に完成。折りたたみの手間を省くために格納筒に合わせた背の低い垂直尾翼のせいで、飛行中の方向安定が不足するなど、いくつかの欠点を修正する作業に時間を要し、ようやく零式一号小型飛行機一型（のちに零式小型水上機一一型と改称）の名称で制式採用されたのは、15年12月のことだった。

　太平洋戦争緒戦期には、一等潜水艦甲型、乙型などへの搭載が本格化し、太平洋、インド洋の全域を行動して偵察任務に活躍したが、昭和18年以降は、連合軍側のレーダー警戒網、戦闘機のパトロールなどが厳しくなって行動は制限され、19年なかばには第一線を退いた。

　本機の存在を一躍有名にしたのは、17年9月、伊号第二十五潜水艦搭載機が、アメリカ本土オレゴン州の山林に焼夷弾を投下したことで、歴史上唯一のアメリカ本土爆撃例として名をとどめている。生産数は138機。

## 諸元/性能

全幅：10.98m、全長：8.53m、全高：3.38m、全備重量：1,450kg、発動機：瓦斯電『天風』一二型空冷星型9気筒（340hp）×1、最大速度：246km/h、航続距離：880km、武装：7.7mm機銃×1、爆弾：60kg、乗員：2名

# 川西 十二試三座水上偵察機［E13K］(昭和13年)

複葉三座水偵の傑作と呼ばれた九四式水偵に代わる、次期新型長距離水偵を得るべく、海軍は昭和12年はじめ、川西、愛知両社に対し十二式三座水上偵察機の名称により、競争試作を指示した。

九四式水偵のメーカーである川西は、後継機も是非自社製を……と意気込んだが、海軍の要求する性能は、最大速度を例にしても、九四式水偵試作時の140kt(295km/h)に比べ、200kt(370km/h)に飛躍しており、当然のことながら、機体は全金属製単葉形態が求められた。この種の単発同形態機に設計経験がない川西にとっては、ハードルが高かった。

それでも設計陣は何とか知恵を絞り、海軍の指定した期間内の13年9月に1号機を完成させた。発動機は海軍指定の三菱『金星』三型改(910hp)を搭載、細身のスマートな胴体に直線テーパー形主翼を組み合わせ、簡素な支柱で固定する双浮舟の、すっきりした外観にまとめていた。

着水時の揚力を高めるためのダブル・スロッテッド・フラップは、我が国最初の導入例であり、滑水時の方向安定を高めるために、垂直尾翼を下方まで伸ばすなど、川西設計陣の意欲が感じられる部分だった。

しかしテストでは、一般性能が要求値を下廻る意外な結果で、洗練された各部分も反面、整備、運搬時に不便をきたすと指摘された。

不運なことに、試作機2機がテスト中に墜落、行方不明となって相次いで失われてしまい、採否を決定する前に川西の願いは潰えてしまった。

### 諸元/性能

全幅：14.49m、全長：11.72m、全高：4.45m、全備重量：3,550kg、発動機：三菱『金星』三型改空冷星型複列14気筒(910hp)×1、最大速度：350km/h、航続時間：16hr.(最大)、武装：7.7mm機銃×1、爆弾：250kg、乗員：3名

# 愛知 零式水上偵察機 [E13A] (昭和14年)

零式水上偵察機一一型 [E13A1]

　川西のE13Kとともに、昭和12年度の十二試三座水上偵察機競争試作に応じ、採用されたのが本機。その外観をひと目みてわかるように、併行して試作中だった十二試二座水上偵察機の拡大版といって差し支えない。ただ、十二試二座水偵は、操縦、安定性に欠けると指摘されていたため、この面に対する措置は相応に施してあった。

　発動機は、海軍指定の『金星』三型改(910hp)で、細長いスマートな胴体に、全幅14.5m、面積36㎡という大きな楕円平面形の主翼を組み合わせた。この主翼は、正面からみて、浮舟支柱の少し外側までの内翼は水平で、上方に折りたたむ外翼にのみ上反角が付けられているのが特徴。

　十二試二座水偵の反省から、尾翼まわりの設計には特に意を払い、楕円形の垂直、水平尾翼ともに充分な面積を確保した。

　三座(3座席、つまり乗員3名の意)の乗員室は、前、後に長い風防で覆ったが、上方への突出度は極力おさえ、空気抵抗を増やさぬよう工夫した。乗員は、前方から操縦員、偵察員、無線/銃手の順に座る。

　設計作業は滞りなく進み、工作図面も順調に組み立て現場に廻っていたのだが、当時、愛知の工場は、十二試二座水偵、十試水上観測機、十一試艦爆の試作も抱えていて余力がなく、十二試三座水偵の組み立ては遅々として進まなかった。

　そのため、海軍が指定した試作機完成期限の13年9月までには間に合わなくなり、川西機が予定どおり納入されたこともあって、愛知の十二試三座水偵は不合格を通告されてしまう。

　しかし、せっかくの"努力作"を破棄するには忍びず、愛知は自社の判断で作業を続行、昭和14年(1939年)1月に1号機を完成させた。

　そうこうするうち、川西機の性能不振、試作機2機の喪失があり、困り果てた海軍は、不合格を通告した愛知機を急遽領収し、審査することになった。

何が幸いするかわからないという好例だろう。

テストの結果、いくつかの細かい改修を指摘されたが、性能優秀、操縦、安定性も良好と判定され、14年11月、晴れて零式一号水上偵察機一型の名称により制式採用された。

本機の就役により、日本海軍の索敵、哨戒能力は一段と向上したといっても過言でない。

太平洋戦争開戦当時、艦載、基地双方の部隊に本機の配備がすすみつつあり、ハワイ作戦の事前偵察、ソビエトの動向を探るためのカムチャッカ半島方面の隠密偵察、スラバヤ沖海戦における敵部隊の触接など、本機がもたらす情報は、どれも作戦の成否に直結する重要なものだった。

戦勢転換点になった、昭和17年6月のミッドウェー海戦において、重巡洋艦『利根』『筑摩』搭載の零式水偵が発進に手間取り、それがため米海軍艦隊の動向把握が遅れ、結果的に味方空母部隊の全滅につながったという事実が、本機の存在感を改めて知らしめよう。

その後も、零式水偵は日本海軍の"目"として重要な働きを続けるが、昭和18年以降、最前線での昼間行動は制限され、後方連絡、対潜哨戒などが日常任務となっていった。

それでも、終戦の日まで現役にあり、生産数は一一型（旧一号一型を改称）、一一甲型、一一乙型をあわせ計1,423機と、日本海軍水偵史上最多を記録した。

## 愛知 零式水上偵察機【E13A】（昭和14年）

**諸元/性能** ※一一型を示す

全幅：14.50m、全長：11.49m、全高：4.78m、全備重量：3,650kg、発動機：三菱『金星』四三型空冷星型複列14気筒（1,060hp）×1、最大速度：367km/h、航続距離：3,326km、武装：7.7㎜機銃×1、20㎜機銃×1（特別装備）、爆弾：250kg、乗員：3名

左は電・探装備の零式水上偵察機一一甲型[E13A1a]、右の尾翼だけ見えている機体は磁気探知機装備の零式水上偵察機一一乙型[E13A1b]

# 川西 零式水上初歩練習機[K8K]（昭和13年）

　九〇式水初練の後継機を得るべく、昭和12年4月に提示された、十二試水上初歩練習機の競争試作に応じ、採用された機体。発動機は海軍指定により、九〇式水初練と同じ『神風』二型（160hp）とされたので、飛行性能向上云々よりも、むしろ機体の近代化と実用面の改善などが主眼だった。

　試作機は昭和13年7月に初飛行し、競・試相手の渡辺機と比較し、設計、性能ともに似たようなもので甲乙つけ難かったが、川西機が採用され、15年6月、零式水上初歩練習機となった。

　しかし、この頃には実用機の性能が向上して、本機程度の性能ではギャップがあまりに大きく、九三式水上中間練習機を初歩練習機に使うのが普通になっていて、初歩練そのものの存在価値が薄れてしまっていた。そのため、零式水初練も試作機3機の他、生産機がわずか12機つくられただけにとどまり、ほとんど一般に知られない"埋もれた制式機"となった。海軍の現状認識の甘さが招いた結果といえよう。

　なお、12機生産された機体のほとんどは、茨城県の霞ヶ浦を本拠地にした、練習航空隊の土浦航空隊に配備され、予科練習生の適正審査に使用された。教員の操縦する本機の後席に座り、生まれて初めて飛行体験し、搭乗員としての適否を検査されたのである。

### 諸元/性能

全幅：9.50m、全長：8.80m、全高：—、全備重量：990kg、発動機：瓦斯電『神風』二型空冷星型7気筒（160hp）×1、最大速度：184km/h、航続距離：600km、武装：—、爆弾：—、乗員：2名

## 渡辺、日飛 十二試水上初歩練習機 [K8W、K8N] (昭和13年)

写真の機体は日飛製作のもの

　川西の零式水上初歩練と同時に競争試作され、ともに不採用になった機体。もっとも、設計、性能面で川西機に比較して劣っていたというわけでもなく、実用上の些細な問題によるものだった。発動機は、同じ『神風』二型で、構造(木金混成骨組みに羽布張り外皮)、外観も、きわめて酷似していた。

　日飛機のほうは、海軍が指定した完成期日に間に合わず、その時点で失格になってしまったのだが、後日、自主的に完成させて審査をうけた。下記データは、渡辺機のそれを示す。

**諸元/性能**
全幅:10.00m、全長:8.70m、全高:―、全備重量:1,015kg、発動機:瓦斯電『神風』二型空冷星型7気筒(160hp)×1、最大速度:170km/h、航続時間:4.0hr.、武装:―、爆弾:―、乗員:2名

## 日飛 十三試小型輸送機 [L7P] (昭和17年)

　日本海軍最初の独自開発水陸両用飛行艇として試作された意欲作。アメリカのフェアチャイルド、グラマン水陸両用飛行艇などを参考に設計をすすめたが、初めての機種とて作業は非常に難航し、試作1号機が完成したのは、受注以来4年も経過した昭和17年2月だった。

　中島『寿』発動機双発の、パラソル翼形態を採った進歩的な外観だったが、テストしてみると、離水困難などの基本的なファクターに欠陥があり、不採用になった。新興メーカーの日飛としては、十二試初歩練に次ぐ2番目の自社設計機だったが、本機を最後に、以降は他社機の転換生産に専念した。

**諸元/性能**
全幅:19.60m、全長:14.00m、全高:4.70m、全備重量:5,899kg、発動機:中島『寿』四一型空冷星型9気筒(710hp)×2、最大速度:332km/h、航続時間:6.0hr.、武装:―、爆弾:―、乗員:3名、乗客:8名

日本軍用機事典【海軍篇】 95

## 三菱 零式艦上戦闘機［A6M］（昭和14年）

零戦一一型（A6M2a）

　通称"ゼロ戦"の名で、戦後の航空機ファンに広く知られ、太平洋戦争期の日本軍用機を象徴する存在になった伝説的名機。

　本機の開発端緒は、昭和12年5月、九六式艦戦の後継機を得るべく、海軍が三菱、中島両社に対し、十二試艦上戦闘機の競争試作を内示したことに始まる。その2ヶ月後に日中戦争が勃発したことにより、要求性能などに若干の変更が加えられ、同年10月に正式な試作命令が下された。

　当然のことながら、要求された性能のうち、速度や上昇力は九六式艦戦を相応に上まわるレベルだったのだが、航続力の大きさが、従来までの単発戦闘機の概念をくつがえすような、最大6時間以上という途方もない値で、メーカー側のド肝を抜いた。

　さらに、7.7mm機銃しか存在しなかった射撃兵装に、20mm大口径機銃の搭載を求めたうえ、空中戦性能が九六式二号型艦戦に劣らぬことと明記されていて、三菱、中島両社の設計陣は頭を抱えてしまった。

　常識的に考えて、九六式艦戦よりも馬力が大きく、重い発動機を搭載することになり、そのうえ大航続力実現のためには多量の燃料が必要だし、加えて20mm機銃をはじめとした、重量のかさむ装備を盛り込めば、当然、機体も大きく重くなる。にもかかわらず、小さく軽い九六式艦戦と同等の空戦性能、すなわち運動性能をもたせることなど、物理的にも不可能なことだった。海軍は、敢えてそれを実現せよと命じていたのだ。

　要求書を見た中島は、このように"夢"のような戦闘機は、とうてい実現できないと判断して競争試作を辞退、三菱1社による単独試作となった。

　九六式艦戦と同じく、堀越二郎技師を主務者にして検討を始めた三菱設計陣も、どう考えても、すべての要求項目を満たすのは不可能であり、速度、航続力、運動性のどれか一項目のレベルを引き下げてもらえぬかと海軍側に直訴したのだが、にべもなく却下された。

　堀越技師は、ともかく出来る限りの工夫を凝らして、要求値に近い性能を実現するしかない、という悲壮な覚悟で作業に着手、血のにじむような苦労の末に、昭和14年（1939年）3月、試作1号機の完成にこぎつけた。

　自社製『瑞星』一三型発動機（875hp）を搭載した試作1号機は、全幅12m、全長8.8mで九六式艦戦よりひとまわり大きかったが、外観は比較にならぬほど洗練されており、油圧で完全に引き込まれる降着装置、完全密閉式風防などが、見守る関係者に新鮮な印象を与え、高性能を予感させた。

　社内テストの後、海軍に領収された1号機は、厳正な審査の末、速度、上昇力、航続力とともに要求値をほぼクリア、懸念された空戦性能も、水平旋回では九六式艦戦に敵わないが、速度、加速力の優位性を生かした垂直面の空戦に持ち込めば圧倒

ハワイ作戦時、空母「赤城」艦上の零戦二一型（A6M2b）

# 三菱　零式艦上戦闘機 [A6M]（昭和14年）

できることなどが確認され、制式採用を前提にし生産発注が出された。到底実現不可能と思われた"夢の戦闘機"が実現したのである。

本機の成功の要因をつきつめれば、第一に徹底した軽量構造、第二に空気抵抗を極限までおさえた外形の洗練、第三に恒速プロペラの導入となろうか。

試作3号機は、海軍の命令により、当時ようやく実用化した中島『栄』一二型（940hp）発動機に換装、性能が一段と向上したことから、生産機は本発動機を搭載することになった。

折しも日中戦争たけなわとあって、高性能を伝え聞いた現地部隊の強い要求により、十二試艦戦はいまだ制式採用前にもかかわらず、生産機が十数機完成した昭和15年7月、大陸の陸上基地部隊第十二航空隊に配備され、2ヵ月後の9月13日、重慶上空にて遭遇した敵戦闘機群約30機の大半を撃墜

破、味方に1機の損害もなしという、初空中戦での完全勝利をおさめ、その高性能を内外に誇示した。

この間、7月末に十二試艦戦は零式一号艦上戦闘機（のち、一一型と改称）の名称により、制式兵器採用が決定していた。

中国大陸で無敵を誇った零戦は、太平洋戦争が勃発した時点において、空母、基地部隊の双方に約250機が就役していたが、それらは、空母上での運用の便を図るために、両主翼端を50cmずつ上方に折りたためるようにした、零式一号艦上戦闘機二型（のちに二一型と改称）と呼ばれた生産機だった。

開戦劈頭のハワイ作戦、フィリピン攻略作戦につづく、17年前半期の海軍航空作戦は連戦連勝で、またたく間に太平洋全域を制圧下に置いたが、その勝ち戦に大きく貢献したのが零戦だった。

欧米の常識ではとても考えられない大航続力、

発動機を『栄』二一型に換装、翼端を角型にして翼幅を11mに切りつめた零戦三二型（A6M3）

日本軍用機事典【海軍篇】　97

# 第二章 飛躍 航空自立期

## 三菱 零式艦上戦闘機 [A6M] (昭和14年)

三二型の翼端を二一型と同じ半円形に戻し、翼幅も12mに戻した零戦二二型（A6M3）

　神秘的とすら形容できるほどの軽快な運動性能、それに、日中戦争で経験を積んだ熟練搭乗員の技倆とが相俟って、零戦に空中戦を挑んだ連合軍機は、一方的に撃墜されてしまうのが常だった。

　しかし、零戦の栄光はそれほど長く続かず、昭和17年夏、ソロモン諸島攻防戦が始まったのを境に、その無敵神話は急速に崩れてゆく。というのも、アリューシャン列島に不時着した零戦を押収し、飛行可能状態に修復した米軍は、本機の長所、短所を究明し、空中戦に勝利する術を見い出したからであった。

　零戦は軽量に仕上げるため、操縦室、燃料タンクなどに防弾装備がまったく施されておらず、たった1発の不運な被弾が致命傷になること、強度が低く、高速で急降下して逃げる敵機には追い付けないこと、無線機が劣悪で用をなさず、連携行動がとりにくいこと、などが判明した。

　そして、零戦の得意とする格闘戦は可能な限り避け、高度の優位を確保したうえでの急降下一撃離脱、さらには2機1組でのチームワーク戦術、いわゆる"サッチ・ウィーブ"を採ることで、対抗したのである。

　弱点を突かれた零戦は、ソロモン航空戦を通じて大きな損害を出し、最終的には同方面の制空権を失い、日本海軍は後方に退かざるを得なくなった。

　この間、米軍側新型軍用機の登場に抗すべく、零戦も速度、高々度性能、火力の強化を主眼に、『栄』二一型発動機（1,130hp）に更新した新型、三二、二二、五二型を次々に送り出したが、わずかな馬力向上では目立った性能の向上も成し得ず、状況は苦しくなった。

　とりわけ、昭和18年（1943年）秋以降、米海軍に2,000馬力級エンジン搭載の新鋭、グラマンF6Fヘルキャットが本格就役すると形勢は一気に逆転

翼端を半円形とし、翼幅を11mと1m短くした零戦五二型（A6M5）

20mm機銃2挺、13mm機銃3挺を装備し、防弾装備も充実した零戦五二丙型（A6M5c）

# 三菱　零式艦上戦闘機【A6M】（昭和14年）

し、搭乗員の質的低下、兵力の格差も重なり、零戦が空中戦で勝利するのは、ほとんど困難になった。

　それでも、後継機を送り出せない日本海軍は、零戦を使い、また量産し続けるしか術がなく、重量増加による性能低下をしのんで、射撃兵装強化型の五二甲、乙、丙型を次々に送り出した。しかし、13mm機銃、防弾装備を追加した五二丙型は、全備重量が3,000kgを超え、飛行性能の低下も甚だしく、もはや、本来の制空戦闘機としての姿は完全に失われていた。

　そして、最後は爆弾懸吊架を常備した戦闘爆撃機型、というよりも神風特攻専用型といったほうがよい六二/六三型の生産に切り替わり、終戦を迎えた。その生涯は、日本海軍航空隊の栄枯盛衰をそのまま映し出している。

　発動機を『金星』に換装し、低下した性能を恢復させるという狙いで開発された五四（六四）型も、試作機2機が完成したのみに終り、実戦参加は叶わなかった。

　零戦の生産数は、各型計約10,430機にも達し、日本航空史上空前絶後の記録となったが、それは反面、本機に代わり得る後継機が造られなかったということでもあり、複雑な意味あいも含んでいる。

　ともかく零戦は良きにつけ悪しきにつけ、日本人の感性を象徴的に具現化した機体であり、今後も永く人々の記憶の中にとどまるに違いない。

### 諸元/性能　※二一型を示す

全幅：12.00m、全長：8.97m、全高：3.52m、全備重量：2,389kg、発動機：中島『栄』一二型空冷星型複列14気筒（940hp）×1、最大速度：533km/h、航続距離：3,500km、武装：7.7mm機銃×2、20mm機銃×2、爆弾：120kg、乗員：1名

零戦六二型（A6M7）

# 昭和 零式輸送機 [L2D] (昭和14年)

零式輸送機一一型 [L2D2]

　アメリカのダグラス社は、軍用機はもとより、伝統的に優れた民間旅客機を多数生み出したメーカーとしても著名で、戦前に登場したDC-2、およびDC-3の両双発旅客機は、近代旅客機の始祖と賞賛される名機であった。

　日本海軍航空隊は、運用方針、戦力規模などの関係もあって、もともと大型軍用輸送機の必要性は考えていなかった。しかし、日中戦争が勃発して、大陸に展開した部隊への人員、物資補給の問題が浮上し、急速に専用輸送機が必要になった。

　そこで当時、世界的にも広く知られていたダグラスDC-3に注目し、同機を軍用輸送機に転用、さらには国産化することを決定する。

　民間会社『三井物産』を通じ、昭和13年2月、ダグラス社と交渉して、DC-3の製造販売権を取得した海軍は、とりあえず5機分の部品、および材料を購入して組み立て、その製作技術を修得し、国産は昭和飛行機(株)に担当させることにした。

　昭和14年(1939年)9月、部品購入により組み立てられた1号機が完成、ひきつづき16年までに5機全てが納入され、うち3機は、海軍の配慮により民間の大日本航空に引き渡された。

　『金星』四三型発動機を搭載する国産の第1号機は、昭和16年7月に完成、D二号輸送機の名称で就役を開始した。折しも、太平洋戦争開戦が迫っていたこともあって、本機の急速配備を望んだ海軍は、中島飛行機にも転換生産を指示、同社は、翌年11月までに計71機製作し、急場しのぎに貢献した。

　すでに、民間旅客機として大成している機体だけに、部隊におけるD二号輸送機の評価は高く、本土と南方最前線間などの人員、物資輸送にフル稼働した。17年に入り、本機は零式輸送機と改称した。

戦争の激化とともに、本機の需要も急増し、昭和飛行機では、昭和20年まで生産をつづけ、各型計416機を送り出した。これに中島の71機をあわせると478機に達し、大型双発機という点を考慮すれば、これはかなりの数である。

生産型には、発動機の違いにより一一、二二、二三型があり、それぞれに人員輸送用の輸送機、貨物輸送用の荷物輸送機と称する仕様が存在した。

輸送機仕様の乗客収容数は21名。荷物輸送機仕様は、座席を取り外し、乗降扉を拡大、二二型の場合で、貨物約5トンを搭載できた。

荷物輸送機が収容する物資は多岐に及んだが、零戦の発動機『栄』も当然含まれており、この場合は胴体内に3基収容できた。変わったところでは、プロペラも輸送したが、これは胴体内には収まらず、同下面中央部に専用金具を装備したうえで、零戦クラスのプロペラなら2基を水平位置に固定して運んだ。

DC-3は、本家アメリカでも陸軍がC-47、海軍がR4Dの名称で軍用輸送機として使っており、南方戦域では日、米双方が同じ輸送機を保有するという珍しい事態になった。

なお、零式輸送機は正規の輸送部隊のほか、半官半民の航空会社『大日本航空会社』にも多数保有されており、海軍の委託をうけて徴傭輸送機隊を編成、本土の他、南方要地にも配置して定期輸送を行なっている。

### 諸元/性能 ※一一型を示す
全幅：28.96m、全長：19.70m、全高：5.90m、全備重量：10,900kg、発動機：三菱『金星』四三型空冷星型複列14気筒（1,000hp）×2、最大速度：354km/h、航続距離：3,240km、武装：―、爆弾：―、乗員：5名、乗客：21名

## 昭和　零式輸送機[L2D]（昭和14年）

零式輸送機二二型[L2D3]

# 三菱 一式陸上攻撃機 [G4M]（昭和14年）

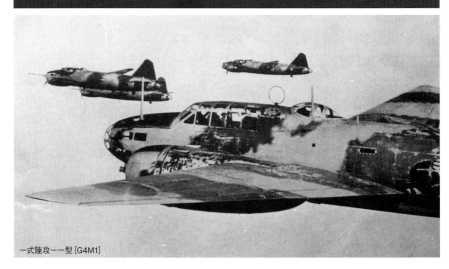

一式陸攻一一型 [G4M1]

　日中戦争の勃発をうけて、海軍は昭和12年（1937年）9月、九六式陸攻の後継機となるべき機体を、十二試陸上攻撃機の名称により三菱に1社特命で試作指示した。九六式陸攻が革新的な高性能だったこともあり、海軍が十二試陸攻に要求した性能スペックは、当時の欧米同級機には到底実現不可能に思えるほどハイ・レベルのものだった。

　すなわち、速度は215kt（約400km/h）以上、航続距離は偵察状態にて最大2,600浬（約4,800km）以上という、途方もない値だった。この頃、就役が始まったイギリス空軍のハンプデン、ホイットレー、ブレニムなどの双発爆撃機は、速度はともかく、航続距離は最大でも2,500km程度であり、4,800kmの値は、四発機のそれに匹敵した。

　海軍が、これほど長大な航続力を要求したのは、そもそも、陸攻という機種が主力艦同士による艦隊決戦の際に、遠く洋上まで進出して、敵艦隊を攻撃、その戦力を少しでも減殺して味方艦隊を有利に導きたい、という構想に沿って生まれたものであるからに他ならない。さらに、攻撃任務だけではなく、敵艦隊の動向を探るための哨戒も用途のひとつだったので、航続力は大きいに越したことはなかった。

　十二試陸攻の設計ポイントはまさに、この長大な航続性能をいかにして実現するかという点にのみあった、といっても過言ではない。

　九六式陸攻につづき、本機の設計主務者は本庄季郎技師で、彼は、自社製高出力発動機『火星』一一型（1,530hp）を選択、爆弾倉、尾部防御銃座を加味し、胴体は思い切って四発機並みの太さにしたが、空気抵抗を減少させるために、全体をのちに"葉巻型"と通称される流麗なラインにまとめた。

　この太い胴体内に燃料タンクは設けられず、4,800kmの航続力に見合う、総量4,780リットルに及ぶ多量の燃料は、左、右主翼に設けた各4個のインテグラル式タンク（タンクの外殻が主翼外皮を兼ねる方式。容量が大きいのが長所）に収容した。航続力を伸ばすためには、主翼のアスペクト比を大きく、すなわち細長くしたほうが有利なのだが、速度性能とのかねあいもあるので、九六式陸攻と同じ全幅25mとし、面積をいくらか大きい78㎡にした。

　試作1号機は昭和14年（1939年）9月に初飛行し、テストの結果、最大速度444km/h、航続距離最大5,550kmと、要求値をはるかに凌ぐ好成績を示した。本庄技師たち三菱技術陣の狙いは見事に成

# 三菱 一式陸上攻撃機 [G4M]（昭和14年）

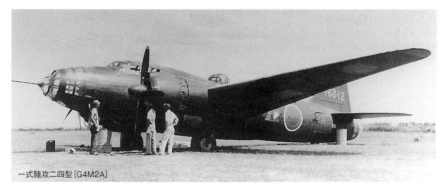

一式陸攻二四型 [G4M2A]

功、双発機でありながら、四発機並みの性能を持つ優秀機の誕生だった。

驚喜した海軍は、ただちに採用内定と量産を指示。場当たり的な翼端掩護機構想の横槍が入って少し遅れたが、16年（1941年）4月、最初の生産型G4M1（のちに一一型と命名）が一式陸上攻撃機の名称で制式採用が決定、秋頃から部隊就役を開始した。

太平洋戦争緒戦期、マレー沖海戦勝利に象徴される破竹の進撃は、本機の存在を改めて知らしめたが、戦争が激化するにつれて、高性能実現のために、敢えて目をつぶった防弾装備欠如が致命的弱点となり、損害ばかりが目立つようになっていった。

次の生産型二二型、さらに二四型は発動機更新によって多少の性能向上はしたが、防弾装備は依然として見送られ、根本的な弱点は改善されなかった。

最後の生産型三四型に至ってようやく主翼内タンクが防弾化されたが、本型が就役開始した昭和19年末には、戦局が悪化して陸攻そのものの活躍場がなくなっており、輸送任務に使われた程度で終わってしまった。

なお、特別攻撃機『桜花』の発進母機になったのは二四丁型である。

一式陸攻は、太平洋戦争が、海軍の思い描いた戦略構想とまったく異なった展開になったために、緒戦期を除いてあまり"いい目"をみなかったが、海軍陸上航空打撃力の中核として、欠くべからざる存在だったことには変わりない。総生産数2,400機余は、日本の双発軍用機史上最多記録であり、この数字がそれを如実に示している。

**諸元/性能** ※一一型 [G4M1] を示す
全幅：24.88m、全長：19.97m、全高：4.90m、全備重量：9,500kg、発動機：三菱『火星』一一型空冷星型複列14気筒（1,530hp）×2、最大速度：428km/h、航続距離：4,287km、武装：7.7mm機銃×4、20mm機銃×1、魚雷/爆弾：800kg、乗員：7名

一式陸攻三四型 [G4M3A]

# 渡辺 二式練習用戦闘機 [A5M4-K]（昭和17年）

　練習航空隊にて、九三式中練による基礎課程を終了した飛行練習生、および飛行学生たちは、それぞれ専修機種ごとに分かれて、実用機教育をうけるために各錬成航空隊へと巣立っていくのだが、昭和16年頃の戦闘機練成航空隊では、零戦の就役により第一線を退いた、九六式艦戦が多数配備されていた。

　この九六式艦戦による訓練をスムーズに行なえるよう、まず教員が同乗して、飛行訓練ができる、複座型の専用練習機が望まれるようになり、16年に入って、海軍航空技術廠（旧航空廠を14年4月に改称）が、九州の渡辺鉄工所に改造設計を指示した。

　ベースになったのは四号型 [A5M4] で、操縦席の直後に教員席、後部胴体両側に安定ヒレをそれぞれ追加し、取扱の便を図るために、従来の車輪覆を撤去し、フォーク部分周囲だけを覆う小型のものに変更したことが主なポイントだった。

　設計は昭和17年（1942年）4月に完了、6月には1号機の完成をみた。テストの結果、とくに大きな欠点もないことから、同年12月、二式練習用戦闘機 [A5M4-K] の名称で制式採用され、生産は海軍自ら、佐世保工廠にて行なうことが決まった。

　しかし、この頃には訓練体系がシビアになり、九六式艦戦からすぐに零戦による訓練を始めるようになっていたことと、零戦の複座練習機の開発も進行していたことから、本機の存在価値は低下、わずか24機がつくられただけに終わった。なお、この複座型とは別に、通常の単座機に安定ヒレを追加し、車輪覆を撤去した機体も、九六式練習用戦闘機 [A5M4-K] の名称で制式採用されている。

### 諸元/性能
不詳

# 二十一空廠 零式練習用戦闘機 [A6M2/M5-K] (昭和18年)

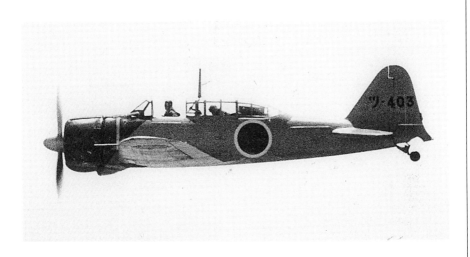

　前述の二式練戦と同様の目的により、昭和17年、海軍は零戦の複座練習機型を、十七試練習用戦闘機 [A6M2-K] の名称で試作指示した。改造設計は、九州・大村基地に隣接した、海軍第二十一航空廠が担当した。

　ベースになったのは零戦二一型で、改造要領は二式練戦のそれに準じていた。ただし、本機の前席（練習生席）は、通常の二一型と同じ位置ではなく、少し前方に移動しており、後席を大きな風防で覆ったことも、性能差からして妥当だった。

　当初の計画では、不要になった主翼端の折りたたみ装置を廃止し、補助翼の外端も含めて改設計するつもりだったようだが、のちの生産機は、二一型のそれを単に固定しただけに変えた。陸上基地でのみ運用するため、尾輪は、直径の大きい空気圧タイヤに変更した。

　試作1号機は、昭和18年（1943年）に入って完成し、当然のことながら、飛行性能は通常の二一型に比べて低下したが、練習機として重要な操縦、安定、実用性などはまったく損なわれておらず、予期したとおりの出来だったことから、ただちに生産開始が決定された。書類上の制式採用日は、昭和19年3月17日で、名称は零式練習用戦闘機一一型だった。通常なら"四式"となるはずだが、命名基準が変わり、改造型は原型の名称を冠するようになった。

　生産は、二十一空廠が19年10月までに計238機、同年5月以降は日立航空機も加わって、終戦までに279機、あわせて517機もつくられ、各地の練習航空隊に配備された。沖縄戦に際しては、特攻機としても使われた。

　なお、二十一空廠では、五二型をベースにした、仮称零式練習用戦闘機二二型 [A6M5-K] も2機試作したが、生産準備中に終戦となった。

**諸元/性能** ※一一型 [A6M2-K] を示す
全幅：12.00m、全長：9.050m、全高：3.57m、全備重量：2,334kg、発動機：中島『栄』一二型空冷星型複列14気筒（940hp）×1、最大速度：476km/h、航続距離：1,380km、武装：7.7mm機銃×1、爆弾：―、乗員：2名

# 第二章 飛躍 航空自立期

## 航空廠 艦上爆撃機『彗星』[D4Y]（昭和15年）

二式艦上偵察機一一型 [D4Y1-C]

　昭和13年（1938年）、海軍が愛知を通じてドイツのハインケル社から、研究用に2機購入したHe118急降下爆撃機は、当時、実用審査中だった十一試艦爆（のちの九九式艦爆）よりも速度が出たうえ、引込式主脚に象徴される洗練された外観を持っており、海軍は本機を国産化する方針を固めた。

　しかし、購入したうちの1機がテスト中に水平尾翼が破壊して墜落、搭乗員も死亡するという事故をおこしたことなどから、この国産化案は立ち消えとなり、そのかわりに海軍自ら、航空廠において、十一試艦爆の後継機を試作することに決まった。

　試作名称は十三試艦上爆撃機 [D4Y1] といい、He118に倣ってドイツのダイムラーベンツDB601液冷倒立V型12気筒エンジン（1,010hp）を愛知で国産化させ、それを搭載することにした。

　ヨーロッパにおいては、速度を最優先する戦闘機は、ほとんどが前面々積が小さくて空気抵抗も小さいという長所から、液冷エンジンを搭載するのが普通だった。

　十三試艦爆に対して海軍が要求した速度は、当時試作中だった十二試艦戦（のちの零戦）をも凌ぐ280kt（519km/h）というハイ・レベルであり、設計主務者の山名正夫技師は、ためらうことなく液冷発動機を選択した。実はこの決定こそが、のちに本機の運命を大きく変えてしまうことは、誰も予測できなかった。

　当時は、まだ太平洋戦争の兆候もなく、山名技師らは、十三試艦爆が大量生産されることはないから、生産性をある程度犠牲にしても、新しい機構、製造技術は惜しみなく投入し、性能的に悔いのない機体にしようと考えた。実は、この考えも、のちに戦争が勃発して大量生産が必要になったとき、大きなマイナスになってしまう。

　そんな思惑が絡んで、昭和15年11月に完成した試作機は、複葉機でありながら零戦とほとんど変わらぬサイズの、コンパクト、かつ見事に洗練されたスタイルで関係者を魅了した。

　発動機の幅いっぱいまで絞り込まれた細身の胴体に、均整のとれたテーパー形主翼を組み合わせ、胴体内爆弾倉、スロットの役目も果たす急降下制動板（エア・ブレーキ）、主脚、フラップ、爆弾倉の開閉操作を、すべて電気式に行なうなど、随所に新機軸が盛り込まれていた。

　性能テストでも、最大速度は298kt（552km/

# 航空廠 艦上爆撃機『彗星』[D4Y]（昭和15年）

彗星一一型 [D4Y1]

h）、航続力は偵察時過荷重状態にて2,100浬（3,890km）と要求値を大きくうわまる好成績を示した。海軍は、つづいて5機の試作機を製作、実用テストを済ましたうえで採用、生産開始とする計画を立てた。

ところが、1年余ののち太平洋戦争が勃発したことで、十三試艦爆の運命は大きく変わる。艦爆としての実用化が遅れるのを見越した海軍は、とりあえず、その高速を買った実戦部隊の要求で、17年10月に二式艦上偵察機 [D4Y1-C] の名称で制式採用、翌年12月に艦上爆撃機『彗星』一一型の名称で、本来の艦爆として制式採用した。

しかし、現地部隊に就役した本機は、DB601を国産化した『熱田』発動機の不調、故障、例の電気式操作機構の不良などで稼働率が悪く、すっかり嫌われてしまった。悪いことに戦況が傾いた時期に就役が本格化したため、華々しい戦果を挙げることも少なかった。

海軍も熱田発動機に見切りをつけ、空冷の『金星』に換装するという"大手術"を強行し、三三型、四三型として生産したが、もはや搭載すべき空母もなく、陸上爆撃機に類別変更され、実際には特攻専用機の感を呈して終戦を迎えている。

彗星の生涯は、このように設計の質の高さとは裏腹に、実績はまったく皮肉な結果になった。軍用機開発の難しさを改めて知らしめた好例であろう。ただ、これほど生産性の悪い機体を、各型計約2,160機もつくった、愛知、および第十一航空廠の工員たちの努力は称賛されてよい。

**諸元/性能** ※『彗星』一一型を示す
全幅：11.50m、全長：10.22m、全高：3.29m、全備重量：3,650kg、発動機：愛知『熱田』二一型液冷倒立V型12気筒（1,200hp）×1、最大速度：552km/h、航続距離：3,890km、武装：7.7mm機銃×3、爆弾：500kg、乗員：2名

空冷発動機に換装した彗星三三型 [D4Y3]

## 第二章 飛躍 航空自立期

# 中島 夜間戦闘機『月光』[J1N1-S]（昭和16年）

乗員室後方に旋回機銃塔を装備した十三試双発戦闘機[J1N1]

　1930年代を通じて、列強各国陸（空）軍、海軍の間で流行した、双発多用途戦闘機開発に乗り遅れまいと、日本海軍が昭和14年（1939年）3月、中島に試作を命じたのが十三試双発戦闘機[J1N1]だった。日中戦争の戦訓もあり、本機の主用途は、九六式陸攻を掩護して長駆敵地まで侵攻し、迎撃に上がってくる敵戦闘機を撃退することにあった。

　したがって、全幅17m、全長12m、全備重量7トンの大型双発機ながら零戦を凌ぐ速度、最大で11時間におよぶ航続力、7.7mm機銃×6、20mm機銃×1の重武装をもち、敵の単発戦闘機とも空中戦ができる相応の運動性も必要という、物理的に不可能とも思える、過酷な要求が課せられた。

　中島は、中村勝治技師を主務者にして設計をすすめ、昭和16年（1941年）3月に1号機を完成させた。

　零戦と同じ『栄』発動機の双発で、外観は戦闘機らしい引き絞ったスタイルをしており、乗員室の後方に備えた7.7mm機銃2挺ずつの、遠隔操作（リモコン）式動力旋回銃塔が目新しかった。

　しかし、性能テスト中に実施された零戦との模擬空戦では、当然のごとく太刀打ちできず、加えて、機体そのものにも設計、構造上の欠点があって、とても戦闘機としては使えないと判断された。

　通常であれば、このまま消え去る運命にあったが、太平洋戦争開戦が迫り、陸軍の一〇〇式司令部偵察機のような長距離陸上偵察機を必要としていた海軍は、十三試双戦のそれなりの高速（500km/h）に目をつけ、本機を転用することに決定した。

　偵察機への転用にともなう改造は、航空カメラの追加装備と、乗員室後方の遠隔操作式銃塔の撤去くらいで、外観上の大きな変化はない。昭和17年（1942年）7月、本機は二式陸上偵察機[J1N1-R]の名称で制式採用され、主に南東方面戦域で使われた。

　その南東方面における日本海軍最大の根拠基地ラバウルには、米軍のB-17四発重爆などが時々夜間空襲に飛来し、零戦も夜は飛行できないために大いに手を焼いていた。

　二式陸偵を活用していた零戦隊の第二五一航空隊は、内地で戦力回復してラバウルに再進出する際、米軍大型機の夜間空襲に対処するため、二式陸偵の胴体内に、上、下2挺ずつ、20mm機銃を前

月光一一型 [J1N1-S]

## 中島 夜間戦闘機『月光』[J1N1-S](昭和16年)

方に30度の角度をつけて固定した、いわゆる"斜め銃"を特別装備していた。司令官小園安名少佐の発案とされている。

この"二式陸偵改造夜戦"は、二五一空のラバウル再進出直後の昭和18年(1943年)5～6月にかけて、米軍大型機の夜間迎撃に出動、予想もしなかった戦果を次々にあげた。暗闇に乗じて敵機のすぐ後下方を平行して飛びながら、"斜め銃"で必殺の射弾を送り込んだのだ。

この思いもかけない効果に驚いた海軍は、"斜め銃"付きの二式陸偵を生産機とすることに決定。同年8月、改めて夜間戦闘機『月光』一一型[J1N1-S]の名称で制式兵器採用した。

その後、戦場が中部太平洋、フィリピン方面に後退するなかでは、月光の夜戦としての働き場はあまりなかったが、昭和19年6月以降、米陸軍のB-29による日本本土夜間空襲が激化すると、斜め銃を武器にかなり活躍した。

とくに、東京周辺の防空を担当した、神奈川県・厚木基地の第三〇二航空隊の活躍が有名である。しかし、20年春以降、B-29が昼間空襲に重点を移すと、月光の存在価値は低下、そのまま終戦を迎えた。

生産型は一一型と、斜め銃を上方向に3挺とした一一甲型の2種で、19年10月に生産終了するまでに、二式陸偵を含めて計486機つくられた。にわか改造夜戦としてスタートした機体としては、予想もしない多さといえる。

**諸元/性能** ※『月光』一一型を示す
全幅:17.00m、全長:12.20m、全高:4.70m、全備重量:6,900kg、発動機:中島『栄』二一型空冷星型複列14気筒(1,130hp)×2、最大速度:507km/h、航続距離:2,849km、武装:20mm機銃(斜め銃)×4、爆弾:500kg、乗員:2名

月光一一型後期生産機 [J1N1-S]

# 中島 十三試陸上攻撃機『深山』[G5N]（昭和16年）

深山改輸送機

　九六式陸攻の画期的成功に意を強くした海軍は、双発の"中攻"よりも、さらに大きな航続力と攻撃力をもつ"大攻"、すなわち四発の大型攻撃機を計画。昭和13年（1938年）、中島に対し1社特命で試作発注した。名称は十三試大型陸上攻撃機[G5N1]だった。

　しかし、当時の日本には、独力で四発の大型陸上機を開発する技術はまだ育っておらず、海軍は、この頃にアメリカのダグラス社が試作していた、民間旅客機DC-4（のちのDC-4とはまったくの別機）に注目し、三井物産を通じ、中島に本機を国産化するという名目で、製造図面一式を購入させ、これをベースに設計させることにした。

　もっとも、旅客機として設計されたDC-4の胴体は、そのままでは転用ができず、爆弾倉を備える、ずっと細身のものに再設計しなければならなかった。

　いっぽう、DC-4は大型鈍重で性能が低く、アメリカの民間航空会社から見放されてしまったため、海軍は参考品として機体も購入し、中島の設計陣に提供した。

　発動機は、当時中島が試作中の『護』一一型（1,870hp）を選択したが、完成が当面先のことになったために、三菱『火星』一二型（1,530hp）を搭載することにして設計をすすめた。

　主翼は、DC-4のそれを踏襲したが、胴体内爆弾倉があるため、取付位置は中翼配置に変更されている。

　当然ながら、胴体各所に設けた防御銃座は独自に設計するしかなく、尾部に装備した日本最初の20mm旋回銃架は、十三試大艇（のちの二式飛行艇）と同じ、フランスのドヴォソン銃架を、川西が改造国産化したものを使用した。この尾部銃座を設けるために、水平尾翼の取付位置は上方に移り、そのせいで背が高くなり過ぎる垂直尾翼は、2枚に分けて水平尾翼の左右端に付けたことなども、DC-4と異なった部分だった。

　前車輪式の降着装置は、日本海軍としては初めての形態で、本来は、その大重量、取扱、整備・点検のうえからも、ダブル車輪が望ましいところだったが、構造ノウハウがなく、DC-4のまま単車輪とせざるを得なかった。

中島 十三試陸上攻撃機『深山』[G5N]（昭和16年）

多くの部分が未経験の構造ということで、中島技術陣の苦労は並大抵ではなかったが、試作着手からほぼ3年後の昭和16年（1941年）2月、十三試大攻の1号機はようやく完成にこぎつけた。

しかし、技術力不足の悲しさから、機体重量を計測してみると、計画値を20%も超過していることがわかり、4月8日の初飛行につづいて実施された性能テストは、速度240kt（445km/h）以上、航続力3,500浬（6,500km）−正規−という要求値には遠く及ばないもので、海軍側を落胆させた。

性能もさることながら、機体の構造、各種装備ともに、技術不足による不具合、故障が多く、とうてい実用機としては使えないと判定され、不採用が決定した。

すでに製作発注されていた6機の試作機はそのまま完成させ、輸送機として使用することにした。

初飛行後、本機には『深山』の固有名称が付与されており、3号機以降、当初予定した『護』発動機を搭載した4機は、新たに『深山改』となり、この4機が昭和18年に『深山改』輸送機［G5N2-L］の名称により、制式採用された。

思えば、深山は海軍が少し背伸びし過ぎた故の、最初から成功の見込みの低い機体と言えた。だが、中島が本機を通じて経験したことは無駄ではなく、それらは、のちの十八試陸上攻撃機『連山』の開発に、大いに生かされることになる。

**諸元/性能** ※1号機を示す

全幅：42.13m、全長：31.01m、全高：6.13m、全備重量：28,150kg、発動機：三菱『火星』一二型空冷星型複列14気筒（1,530hp）×4、最大速度：392km/h、航続距離：3,528km、武装：7.7mm機銃×4、20mm機銃×2、爆弾：3,200kg、乗員：7名

深山改輸送機［G5N2-L］

第二章 飛躍 航空自立期

川西 二式飛行艇［H8K］（昭和15年）

十三試大型飛行艇［H8K1］

　日中戦争が勃発した翌年、昭和13年度の海軍次期新型機の開発計画は、その教訓も踏まえての、かなりの高揚した内容になっていた。従来の海軍機類別にはなかった、双発陸上戦闘機や、四発の大型陸上攻撃機が含まれていたことでも、それがわかる。

　そして、九七式飛行艇の後継機と目された、十三試大型飛行艇の試作も、そうした雰囲気を背景に、大きく飛躍した要求性能が盛り込まれてあった。最大速度240kt（444km/h）以上、巡航速度にて最大4,500浬（8,334km）ということもさることながら、本艇には、魚雷、爆弾の懸吊、および動的目標（海上を行動中の艦船の意）に対する攻撃能力が求められていた点も、従来までの飛行艇にはみられないものだった。

　つまり、十三試大艇は、名称の違いこそあれ、同時に試作発注された、中島十三試大型陸上攻撃機とまったく同じ性能が求められたのである。

　1社特命で試作発注を受けた川西は、九七式飛行艇と同じく、新進気鋭の菊原静男技師を主務者に配して設計に着手し、約2年半という、比較的短い期間で1号機を完成させ、昭和15年（1940年）12月30日に初飛行にこぎつけた。

　九七式飛行艇に比べ100km/hも優速を要求されたため、十三試大艇の外観はまったく新しい発想を体現しており、幅を極端に狭く、そのぶん背を高くした艇体に、アスペクト比9のテーパー形主翼を、肩翼配置に付けるというスタイルになった。

　発動機は、当時の日本で最大出力を誇った三菱『火星』一二型（1,530hp）──十三試陸攻（のちの『深山』）と同じ──を選択、独特の波消し装置、揚力を高めるための親子フラップ（ダブル・フラップ）などの新機軸も多く採り入れられた。

　海軍に領収された後の審査では、離着水時のポーポイズ現象（イルカの泳ぐ姿に似た、艇首の上下方向のブレ──最悪の場合は海中に突っ込んでしまう）、方向舵バランスの不良、飛沫の高さなどが指摘されたが、改良によってほぼ解決。性能は要求値をクリアしていたことから、昭和17年（1942年）2月5日、二式飛行艇一一型の名称により、制式採用された。

　採用された直後、二式飛行艇はハワイ第二次攻撃作戦に投入され、夜陰に乗じて2機が参加したが、成果がなかったうえに、1機が敵戦闘機により撃墜され、最初の犠牲を記録した。

　その後、二式飛行艇は太平洋戦域各地に進出

# 川西 二式飛行艇 [H8K]（昭和15年）

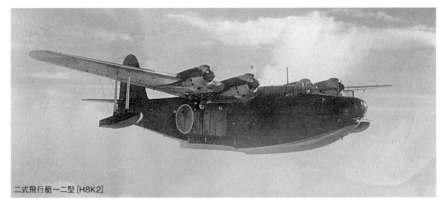

二式飛行艇一二型 [H8K2]

し、長距離哨戒、偵察任務に黙々と従事したが、太平洋戦争は航空戦力中心の戦いに終始したため、二式飛行艇が最も力を発揮する場面と想定された、主力艦同士による艦隊決戦は生起しなかった。

戦争中期以降は、米軍側の陸上哨戒機、戦闘機によるパトロールなど防御網が強化されて、二式飛行艇の損害が急増。昭和19年に入ると、制空権のない空域での昼間行動はほとんど困難になり、飛行艇そのものの存在価値が低くなった。

昭和20年（1945年）3月、米海軍の根拠基地ウルシー環礁に決死攻撃をかける、陸爆『銀河』装備の『梓特別攻撃隊』の誘導、および4月以降、沖縄方面の米海軍艦隊に対する夜間哨戒が、二式飛行艇にとって最後の大きな任務だった。

世界最高性能の四発飛行艇といっても過言ではない二式飛行艇も、時代の変化のまえにはその性能を生かす場がなく、不本意な実績に甘んじるしかなかった。

生産型は、一一、一二型の2種で、他に発動機換装、各部改修した改良型の二二、二三型の試作機2機、輸送飛行艇になった『晴空』三二型36機を含め、計167機つくられた。

**諸元/性能** ※一二型を示す
全幅：38.00m、全長：28.13m、全高：9.15m、全備重量：24,500kg、発動機：三菱『火星』二二型空冷星型複列14気筒（1,840hp）×4、最大速度：466km/h、航続距離：7,192km、武装：7.7㎜機銃×4、20㎜機銃×5、魚雷/爆弾：2,000kg、乗員：10名

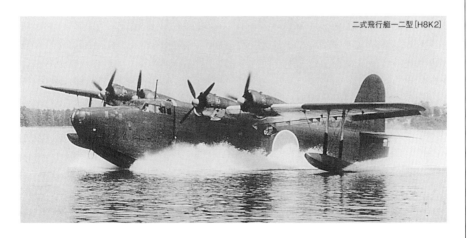

二式飛行艇一二型 [H8K2]

# 愛知 二式練習用飛行艇［H9A］(昭和15年)

　飛躍的な高性能を狙った、十三試大艇の大量配備を計画していた海軍は、本艇の乗員を急速養成するための練習機、さらには副次的に対潜哨戒任務などにも使うことを前提に、昭和14年（1939年）1月、愛知に対して十三試小型飛行艇の名称により試作指示した。

　愛知は、九六、九八式夜偵を手掛けた森盛重技師を主務者にして設計に着手し、昭和15年9月以降、3機の試作機を完成させた。

　発動機は、中島『寿』四一型改二（710hp）の双発で、スマートな艇体にパラソル翼形態の主翼を組み合わせていた。

　練習用飛行艇というからには、性能云々よりも、まず第一に安定した操縦性が求められるが、テストの結果、着水する際に艇首を引き上げ姿勢にすると、艇体が落下するという悪癖があることがわかった。

　これは由々しきことで、愛知は発動機ナセルの取付位置を下方に下げ、フラップも改修するなど大がかりな再設計を施したが、他にも銃座の空気抵抗が大きい、重心位置が高い、はては空気力学的洗練の不足など、次々に不満箇所が指摘され、それらの改修にも長期を要して、一時は不採用の気運が濃厚になった。

　それでも、愛知の必死の努力により、主翼幅を延長したりしてどうにか実用に耐える状態になり、昭和17年2月、ようやく二式練習用飛行艇の名称で制式採用された。

　しかし、皮肉なことに太平洋戦争は、主役の二式飛行艇の大量配備を必要としない状況になり、二式練艇の存在意義も低下、わずか31機つくられたのみにとどまった。ただ、本艇は、本土近海の対潜哨戒機として手頃と判断され、磁気探知器、電・探（レーダー）を装備、戦争末期にそれなりの実績を残したことが救いだった。

### 諸元/性能
全幅：24.00m、全長：16.95m、全高：5.25m、全備重量：7,000kg、発動機：中島『寿』四三型空冷星型9気筒（710hp）×2、最大速度：317km/h、航続距離：2,150km、武装：7.7mm機銃×2、爆弾：500kg、乗員：5〜8名

# 中島 二式水上戦闘機［A6M2-N］(昭和16年)

　昭和15年、世界でも前例のない専用水上戦闘機の開発を決めた海軍だが、初めての機種故に、試作に長期を要すると判断。その間、ピンチ・ヒッターとして使用する目的で、中島に急ぎ造らせたのが本機である。

　ベースになったのは、当時、"夢の高性能"を実現して華やかな脚光を浴びていた零戦(一号型)で、改造設計を三菱ではなく中島に命じたのは、水上機設計の経験が豊富だったからである。

　中島は、三竹忍技師を主務者にして、16年はじめに設計着手、同年12月8日、太平洋戦争開戦の日に初飛行に成功した。改造の要点は、降着装置を撤去して胴体下面に大きな主浮舟を、左右主翼下面に各1個の補助浮舟を取り付け、方向安定強化のために、垂直尾翼面積を少し拡大、方向舵は下方まで伸ばしたこと。

　零戦の優美なスタイルを崩さず、浮舟のアレンジをシンプル、かつ洗練されたものにまとめあげた、中島設計陣の技術力はさすがだった。

　テストの結果、零戦に比べて空気抵抗が増したぶん、諸性能は低下したが、水戦としては申し分なしと判断され、17年7月、二式水上戦闘機の名称で制式採用、ただちに、激戦区のソロモン諸島方面に派遣された。

　陸上基地施設のない最前線では、貴重な戦力となり、防空、哨戒、船団掩護、対潜哨戒などに大いに活躍して、その存在感を示した。"本命"の強風が、出現時期の遅れで不本意な結果に終わったのと対照的である。

　戦況の変化により、18年以降は活動範囲が制限され、生産数も260機程度にとどまったが、与えられた役割は十二分に果たしたといえる。

### 諸元/性能
全幅：12.00m、全長：10.13m、全高：4.30m、全備重量：2,460kg、発動機：中島『栄』一二式空冷星型複列14気筒(940hp)×1、最大速度：435km/h、航続距離：1,782km、武装：7.7mm機銃×2、20mm機銃×2、爆弾：120kg、乗員：1名

# 渡辺 二式陸上中間練習機［K10W］（昭和16年）

　九三式中練が独占している海軍の練習機市場だったが、将来を見据え、近代的な全金属製単葉練習機の開発も進めておくべき、との判断により、昭和14年6月、海軍が渡辺鉄工所に試作指示し、採用したのが本機。

　渡辺は、それまでに単葉機の設計経験がなかったため、アメリカから研究用に購入してあった、ノースアメリカンNA-16練習機（のちの有名なT-6テキサン練習機の原型に相当する）を参考にし、昭和16年4月に1号機を完成させた。試作名称は十四試陸上中間練習機。

　発動機は『寿』二型改一（600hp）で、九三式中練の2倍の出力をもち、NA-16に似た外観の、極くオーソドックスな低翼単葉固定脚機だった。

　テストしてみると、安定性にやや欠け、不意自転の悪癖も指摘されたが、垂直尾翼を増積するなどしてほぼ解決。性能面も概ね良好と判断され、昭和18年（1943年）6月、二式陸上中間練習機の名称で制式採用された。

　渡辺は他にも仕事を抱えて余力がなく、26機生産したのみで、以降は日飛が肩替りし、19年にかけて150機つくった。九三式中練の後継機と目されたわりには、意外なほど少数である。

　これは、本機の実用性云々ということではなく、海軍航空隊の訓練体系の変化に起因していた。九三式中練は初歩練も兼ねており、本機の基本課程を修了した練習生、飛行学生たちは、二式中練に乗らず、一足とびに実用機（戦闘機の場合は複座機）へと進んだからである。

### 諸元/性能

全幅：12.36m、全長：8.83m、全高：4.10m、全備重量：2,033kg、発動機：中島『寿』二型改一空冷星型9気筒（600hp）×1、最大速度：282km/h、航続距離：830km、武装：7.7mm機銃×1、爆弾：―、乗員：2名

# 渡辺 二式陸上初歩練習機『紅葉(もみじ)』[K9W]（昭和16年）

二式陸上初歩練習機 紅葉の原型となったBü131ユングマン輸入機

　1934年に、ドイツのビュッカー社が、民間向けのスポーツ機として完成したBü131 "ユングマン"（若人）は、わずか105hpの小出力エンジンを搭載した、木製骨組み羽布張り外皮の小型複葉機だったが、あらゆる曲技飛行が可能な優秀機として話題を呼んだ。

　民間の商事会社が輸入したBü131のデモ飛行を見た海軍は、初歩練習機としての可能性を確かめるために、昭和14年に20機購入して実用審査を行なったのち、有用と判断して渡辺鉄工所に本機の国産化を指示した。試作名称は、十四試陸上基本練習機といった。

　1号機は昭和16年8月に完成し審査を受けたが、原型Bü131と変わりない性能を示したものの、日立が国産化した発動機『初風』の振動、燃費の悪さ、故障の多さなどもあって、海軍は制式採用をためらった。

改修により、発動機の問題もやや鎮静化したことから、昭和18年6月、二式陸上初歩練習機『紅葉』[K9W1] の名称でようやく制式採用。量産指示が出されたものの、その数は意外に少なく、計217機にとどまった。

　本機は確かに曲技飛行能力は素晴らしいのだが、あまりに軽量のため気流の影響をうけ易く、天候により飛行訓練を制限されることも、生産数が意外に伸びなかった一因だろう。なお、陸軍も日本国際航空工業（株）に指示してBü131の国産化を行ない、昭和18〜19年にかけて計1,030機も調達。海軍と対照的に厚遇した。

### 諸元/性能
全幅：7.34m、全長：6.61m、全高：2.25m、全備重量：638kg、発動機：日立『初風』――空冷倒立直列4気筒（110hp）×1、最大速度：182km/h、航続距離：640km、武装：―、爆弾：―、乗員：2名

# 川西 水上戦闘機『強風』[N1K] (昭和17年)

十五試高速水上戦闘機 [N1K1] 1号機

　日中戦争における九五式水偵の目覚しい活躍、とりわけ、敵側陸上機との空中戦をこなし得た能力に注目した海軍は、考えを一歩進めて、空中戦を本務とする水上機、すなわち水上戦闘機の開発を決意。昭和15年 (1940年) 9月、川西に対し十五試高速水上戦闘機の名称により試作指示した。

　過去に、ドイツやイギリスでも、既存の陸上戦闘機を改造した水上戦闘機は存在したが、最初からそれを目的に開発した例はなく、世界でも初の試みといってよかった。

　戦闘機というからには、水上機といえども敵側の陸上戦闘機に対して、性能上のハンディキャップは認められないので、海軍の要求はシビアだった。試作名称に敢えて"高速"と冠したのも、そうした意図が込められていたと思われる。川西は、その高速を実現するためには、まず何よりも大馬力発動機が必要との観点から、当時、我が国で最大出力を誇った三菱『火星』を選択した。火星は、よく知られるように、原則的には双発機用と考えられた発動機で、直径は1,340mmもあり、単発戦闘機に搭載するには、やや大き過ぎる感があった。

　川西は、そのために太くならざるを得ない、胴体の空気抵抗増加を抑えるため、プロペラと発動機の間に延長軸を介し、後者の取付位置を少し後方に寄せ、そのぶん、カウリング先端を細く絞り込むという手法を採った。三菱十四試局戦 (のちの『雷電』) と同じ考えである。

　火星クラスの大出力 (1,500hp級) になると、プロペラ回転が引き起こすカウンター・トルク (回転方向の反対側に作用する力) も大きくなるため、プロペラは2翅を前、後に分けて装備、それぞれが逆方向に回転してカウンター・トルクを相殺するという、いわゆる2重反転プロペラを採用した。

　主翼は、当時、東京帝大の谷一郎教授が提唱した"LB翼型"(アメリカで考案された"層流翼型"とほぼ同じもの) と称する断面形にし、シンプル、かつ洗練された浮舟とあわせ、空気抵抗を減らして高速を得られるようにした。

総重量が零戦の1.5倍近くになる本機に、相応の空戦性能を持たせるために、川西は、操縦桿に付けたボタンを押すと、フラップが2段階に下がる装置、いわゆる"空戦フラップ"を考案し、旋回半径を小さくさせることに成功した。

こうして、様々な新しい試みを盛り込んだ試作1号機は、昭和17年(1942年)5月、初飛行にこぎつけたが、早くも2重反転プロペラの不具合を生じ、通常の3翅プロペラへの交換を余儀なくされる。

続く性能テストでは、速度が二式水戦をわずかに凌ぐ程度の448km/h、航続距離はかなり劣り、空戦フラップを使用しても、格闘戦になると二式水戦には敵わないことがわかった。ただ、発動機出力が大きいため、巡航速度、上昇力は本機のほうが勝っていた。

海軍は、とりあえず有用と判断し、川西に量産を指示、翌18年12月に水上戦闘機『強風』一一型[N1K1]の名称で制式採用した。

しかし、本機の就役が本格化した頃には、戦況が変化(というより悪化)していて、水上戦闘機そのものの存在価値が薄らいでしまっており、海軍は昭和19年3月、計97機をつくったところで生産打ち切りを命じた。

強風が就役するまでの"代役"と目された二式水戦が、素早く実用化して活躍の機会を得、260機程度生産されたのとは対照的で、まことに皮肉な結果ではあった。要するに太平洋戦争は、本格的な水上戦闘機を必要とするような戦いではなかったということに尽きる。

### 諸元/性能
全幅:12.00m、全長:10.60m、全高:4.75m、全備重量:3,500kg、発動機:三菱『火星』一三型空冷星型複列14気筒(1,460hp)×1、最大速度:448km/h、航続距離:1,060km、武装:7.7㎜機銃×2、20㎜機銃×2、爆弾:60kg、乗員:1名

● 川西 水上戦闘機『強風』[N1K](昭和17年)

強風一一型 [N1K1]

# 川西 水上偵察機『紫雲』[E15K]（昭和16年）

水上偵察機 紫雲一一型 [E15K1]

　1930年代も後半に入ると、航空母艦に搭載される艦上戦闘機、陸上戦闘機の性能が急速に向上し、水上機、飛行艇にとっては、次第に行動の自由が脅かされる状況になってきた。

　そこで、日本海軍は昭和14年に、敵戦闘機の制空権内を強行突破できるほどの高速性能を持つ水偵を、十四試高速水上偵察機の名称により試作指示した。

　川西は、当時我が国で最大出力を誇った、三菱『火星』発動機（1,460hp）を搭載し、機首を細く絞り込んだスマートな胴体に、"LB翼型"と称した空気抵抗の少ない断面形の主翼を組み合わせ、シンプル、かつ独創的な浮舟を付けた斬新な形態にまとめ、昭和16年12月3日に1号機を完成させた。

　本機の設計概念は、試作時期が重なった、前述の十五試高速水戦（強風）とほとんど同じであることがわかる。ただし、十四試高速水偵の主浮舟は、非常時には投棄可能な仕組みになっており、左右主翼下面の補助浮舟も引き上げ収納式で、その際、浮舟上面のズック製空気袋の空気を抜き、翼下面に密着させるという、前例のない凝ったメカニズムを採っていた点が異なる。

　テストの結果、期待された速度性能は、最大でも253kt（468km/h）にとどまり、浮舟関係の新機構に不具合も続出して、海軍の落胆は小さくなかったが、改修の結果をみて、昭和18年8月、水上偵察機『紫雲』一一型［E15K1］の名称で制式採用された。

　ただし、量産発注は出されず、試作、増加試作機計15機がつくられたのみ。うち6機が実戦テストを兼ねてパラオ島に配備されただけだったので、実質的には試作機に準じた扱いに終わった。高速水偵という構想そのものが、もはや太平洋戦争期にはそぐわなかったといえる。

### 諸元/性能

全幅：14.00m、全長：11.58m、全高：4.95m、全備重量：4,100kg、発動機：三菱『火星』二四型空冷星型複列14気筒（1,500hp）×1、最大速度：468km/h、航続距離：3,370km、武装：7.7mm機銃×1、爆弾：120kg、乗員：2名

第三章
# 激闘
太平洋戦争期

第三章 激闘 太平洋戦争期

# 三菱 局地戦闘機『雷電』[J2M]（昭和17年）

十四試局地戦闘機[J2M1]の試作6号機

　日中戦争が始まるまでは、海軍の戦闘機といえば、航空母艦で運用する艦上戦闘機しかなかった。ところが、日中戦争は広大な中国大陸が戦場となり、海軍航空隊も陸上基地に展開して戦ったわけだが、基地の防空という任務には、"名機"とされた九六式艦戦でも性質的に荷が重く、専用の防空戦闘機の必要性が痛感された。

　そこで、海軍は昭和14年9月、三菱に対し十四試局地戦闘機の名称で試作を内示。九六式艦戦、十二試艦戦（零戦）という名機を生み出した同社の技術力に期待した。"局地"は日本海軍独特の言いまわしで、限定区域、すなわち軍事上の要地を意味し、それを守る戦闘機ということである。

　九六式艦戦や零戦と異なり、局戦に求められるのは、まず何よりも来襲敵機に素早く接近できる速度、上昇力、それに、大型機にも一撃で致命傷を与え得る強力な射撃兵装だった。

　九六式艦戦、十二試艦戦につづいて、本機の設計主務者となった堀越技師は、高速と優れた上昇力を得るには、可能な限りの大出力発動機が必要ということで、躊躇なく自社製『火星』を選択した。

　出力の大きさに比例して、直径も大きい火星の空気抵抗を抑える手段として、堀越技師が採ったのが、最大断面を操縦室付近にもってくる、紡錘形の特異な胴体。『強風』と同じく、プロペラ延長軸を介し、機首を細く絞り込んだのも、その一端だった。

　この太い紡錘形胴体に、零戦よりも面積の小さい主翼を組み合わせたことで、325kt（602km/h）以上の高速が出せると計算されていた。

　運動性能は二義的要素として優先されなかったが、高翼面荷重の本機に、相応の運動性は持たせたいと願った堀越技師は、空中戦の最中にも使用できるファウラー式フラップを導入した。このフラップと降着装置の出し入れエネルギーに、一般的な油圧ではなく、電動モーターを使用したことが目新しかった。

　試作は意外に長期を要し、1号機の完成は昭和17年2月となった。テストの結果、発動機の出力不足により性能が要求値に達しなかったため、水メタノール噴射装置付きの『火星』二三甲型（1,820hp）に更新した十四試局戦改[J2M2]がつくられた。

　そして、予想外の異常振動問題の解決に1年近く悩まされたのち、昭和18年10月、制式採用保留のまま『雷電』一一型と称した生産型が部隊配備され始めた。

　しかし、部隊就役後も振動問題は尾を引き、機体

雷電二一型 [J2M3]

## 三菱 局地戦闘機『雷電』[J2M]（昭和17年）

の不具合、視界不良、零戦とまるで異なる飛行特性などが搭乗員に忌み嫌われて、評価は低かった。

そうこうするうちに、B-29による本土空襲が始まり、まがりなりにも同機を迎撃できる海軍唯一の戦闘機として、雷電の存在価値は高まり、いったん縮小された生産計画も、再び増産に転じることになった。

雷電を装備した3個防空部隊のうち、東京周辺を担当区にした第三〇二航空隊が、20年4月上旬頃まで、B-29を相手に善戦し、いくらか面目をほどこしたが、絶対数が少ないうえ、B-29にP-51戦闘機が随伴してくるようになってからは、迎撃もほとんど不可能になった。

結局、雷電は初めての機種故に、試行錯誤した設計、振動問題に適切な対処法を教示できなかっ た海軍航空技術廠など、負の面がすべて影響してしまった、不運の戦闘機というしかない。

生産型は、一一型に続いて二一、三一、三三型が登場し、排気タービン過給器付きの試作型三二型も含め、計約630機つくられた。

なお、書類上の制式採用年月は昭和19年10月のことで、実用中にもかかわらず、雷電の兵器採用を、海軍が不安視していたことをうかがわせる。

**諸元/性能** ※二一型 [J2M3] を示す
全幅：10.80m、全長：9.69m、全高：3.87m、全備重量：3,499kg、発動機：三菱『火星』二三甲型空冷星型複列14気筒 (1,820hp)×1、最大速度：611km/h、航続距離：1,055km、武装：20mm機銃×4、爆弾：60kg、乗員：1名

雷電三三型 [J2M5]

# 中島 艦上攻撃機『天山(てんざん)』[B6N] (昭和17年)

天山一一型 [B6N1]

　昭和14年12月、海軍が九七式艦攻の後継機を得るべく、中島に試作指示し、採用されたのが本機。試作名称は十四試艦上攻撃機だった。

　九七式艦攻の試作指示から4年を経ており、その間の技術向上を踏まえたこともあって、海軍の要求性能はきわめて高く、最大速度は九七式艦攻の200kt（370km/h）に対し250kt（463km/h）、航続力は雷撃仕様の場合で1,000浬（1,852km）に対し、1,800浬（3,333km）と飛躍していた。

　中島は、松村健一技師をチーフにして設計に着手、昭和16年2月に1号機を完成させた。発動機は、大出力を誇る自社製『護』一一型（1,800hp）、機体もその出力に見合う、全幅14.9m、全長10.3m、総重量5.2トンという、超ヘビー級艦攻だった。

　胴体、主翼、水平尾翼などは、ごく一般的な形状で特筆すべきものではなかったが、垂直尾翼が著しく前傾しているのが、外観上の特徴。これは、航空母艦の昇降機（エレベーター）に載せたとき、クリアランス確保上の制限寸法、全長11m以内におさえるために採った措置だった。同じ中島の艦偵『彩雲』とも共通する。

　また、正面方向から見たとき、機首下面の潤滑油冷却器が、中心線上より右側にずらして取り付けて

あるのが奇異だが、これは魚雷を懸吊した際、その先端部分と接触しないようにするためだった。

　試作機をテストした結果、速度、航続力はほぼ要求値を満たしていることが確認されたが、『護』発動機の故障、高出力にともなうプロペラのカウンター・トルクの影響などが指摘され、改修を要した。

　さらに、航空母艦でのテストでは、大重量機故の着艦時の横索、および拘捉鈎の切断、破損などが起こり、これらの問題解決にも対処しなければならず、実用化は遅れた。

　昭和18年8月、種々の問題もようやく解決の目途がついたと判断した海軍は、艦上攻撃機『天山』一一型[B6N1]の名称により制式採用した。それまでの慣例に従えば、『三式艦上攻撃機』と命名されるはずだったが、この基準は17年度をもって廃止され、18年度以降は、機種ごとに類別を定めた固有名称を付与することに改めた。攻撃機は山嶽に関連する名称と定められた。

　天山は、まず陸上基地部隊から就役し、18年11月、激戦のつづくソロモン諸島方面に展開した第五八二航空隊所属機が、同月上旬のブーゲンビル島沖海戦に参加し、実戦デビューを果たした。

天山一二型[B6N2]電・探装備機

## 中島 艦上攻撃機『天山』[B6N] (昭和17年)

　その後、天山は本来の"働き場"である空母部隊にも配備が進み、昭和19年6月の日米海軍機動部隊同士による最大の決戦、マリアナ沖海戦には艦攻隊の主力として参加した。しかし、圧倒的戦力を誇る米海軍のグラマンF6Fヘルキャット艦戦隊に捕捉されて、日本側の航空部隊は壊滅的損害を喫し、天山隊も計71機中65機が失われた。

　つづく台湾沖航戦、フィリピン攻防戦でも、天山は果敢に戦ったが、損害のみ多く戦果はほとんどあがらなかった。これは天山の性能云々という次元の問題ではなく、レーダー警戒網が完備し、VT信管を使用した対空砲火、それに圧倒的多数の防空戦闘機を揃えた米海軍機動部隊に対し、もはや、いかなる高性能の日本機をもってしても、打撃を与えるのは困難になっていた。

　昭和20年4月、最後の沖縄攻防戦には、天山も神風特攻機として多数が突入、その戦歴を閉じた。

　生産数は、発動機を『火星』に換装した一二型[B6N2]が1,133機と大半を占め、これに最初の一一型133機、試作、増加試作機8機を合わせ、計1,274機だった。なお、18年秋以降の生産機は、3機に1機の割合で機上電・探（レーダー）を搭載した。

**諸元/性能** ※一二型[B6N2]を示す
全幅：14.89m、全長：10.86m、全高：4.32m、全備重量：5,200kg、発動機：三菱『火星』二五型空冷星型複列14気筒(1,850hp)×1、最大速度：481km/h、航続距離：3,045km、武装：7.92mm機銃×1、13mm機銃×1、魚雷/爆弾：800kg、乗員：3名

天山一二型[B6N2]電・探装備機

日本軍用機事典【海軍篇】

# 第三章 激闘 太平洋戦争期

## 空技廠 陸上爆撃機『銀河』[P1Y](昭和17年)

銀河一一型 [P1Y1]

　第二次世界大戦緒戦期における、ドイツ空軍の急降下爆撃機Ju87"シュトゥーカ"の活躍は、列強各国に非常な衝撃を与え、日本海軍も、陸上攻撃機に急降下爆撃能力が備われば、艦隊決戦時の大きな戦力になると考えた。

　そこで、ドイツ空軍のJu88双発爆撃機(Ju87ほどの急降下は出来ないが、それに近い能力は持っていた)を参考用に輸入するのと同時に、昭和15年末、海軍は自ら空技廠に命じて、十五試双発陸上爆撃機の名称により試作着手した。

　要求性能は、非現実的と思えるほど欲張ったもので、1トンの爆弾携行量をもち、速度は零戦よりも速く、3,000浬(5,550km)以上の航続力をもつというものだった。十三試以降の各種試作機に共通する、日本海軍航空の"背伸び"し過ぎる悪癖が、本機の計画にも色濃く出ていた。

　あとから考えれば、どんなに優れた性能の双発機といえど、単発戦闘機が制空権を掌握する域内では、活動の余地がないと悟れるのだが、当時は日本海軍に限らず、列強各国の航空関係者のいずれも、それを予測するのは不可能だった。

　ともかく、非現実的とも思える要求を突き付けられた空技廠は、十三試艦爆と同じく、山名正夫技師をチーフに、空技廠各部門のエリートを結集して設計に着手した。

　発動機は、中島が試作中の2,000hp級『BA11』(のちの『誉』)を選択、急降下爆撃をこなすために、乗員は最低限3名(爆撃手、操縦士、通信/銃手)におさえ、機体はできるだけコンパクト、かつ洗練された外観をモットーにまとめた。

　その結果、昭和17年6月に完成した1号機は、陸攻とはまったく趣を異にする、スマートなスタイルで、見る者を魅了した。

　テストしてみると、速度は300kt(556km/h)、航続力は2,900浬(5,370km)に達し、要求値をほぼ満たしていることが確認された。

　喜んだ海軍は、ただちに量産能力に長じた中島に生産を請け負わせることにした。だが空技廠の粋を結集した機体はあまりに高度、かつ複雑・精緻に過ぎ、そのままではとても手に負えず、工程簡素化のため再設計を必要とした。

　空技廠、中島の懸命な努力により、昭和18年8月から生産機が完成し始め、翌19年6月のマリアナ諸島攻防戦から実戦参加したが、量産品の『誉』は

不調がちで額面どおりの出力が出ず、再設計にともなう空力洗練度の低下などもあって、試作機が出した高性能は望むべくもなくなっていた。

昭和19年10月、海軍はようやく陸上爆撃機『銀河』一一型の名称で制式採用したが、前述のような現状で、部隊の評価は芳しくなく、戦況の悪化も重なり、華々しい戦績は残せなかった。フィリピン攻防戦では、神風特攻機としても使われた。

昭和20年3月、米海軍根拠地ウルシー環礁に対する、『梓特別攻撃隊』による決死攻撃は、銀河にとって唯一の目立った組織的作戦行動だった。

結局、銀河の設計はそれなりに優れていたものの、戦時下の量産機に適さず、さらに突き詰めれば、陸・爆という構想そのものが、太平洋戦争にはそぐわないものだったといえまいか。

銀河の生産型は非常に多いが、発動機、武装のマイナー・チェンジによるものが大半で、主に生産されたのは一一型だった。夜間戦闘機への派生型は『白光』、『極光』と命名されたが、実際にはもとの爆撃機に戻されてしまっており、通常の爆撃機型に斜め銃を付けた改造機が、第三〇二航空隊で少数使われたのみ。銀河の生産数は、各型計1,098機で、その造りにくさを考えれば相当な数ではあった。

**諸元/性能** ※一一型 [P1Y1] を示す
全幅：20.00m、全長：15.00m、全高：4.30m、全備重量：10,500kg、発動機：中島『誉』一二型空冷星型複列18気筒（1,825hp）×2、最大速度：548km/h、航続距離：5,370km、武装：13mm機銃×1、20mm機銃×1、魚雷/爆弾：800kg、乗員：3名

空技廠　陸上攻撃機『銀河』[P1Y]（昭和17年）

銀河一一型 [P1Y1]

# 第三章 激闘 太平洋戦争期

## 愛知 水上偵察機『瑞雲』[E16A]（昭和17年）

瑞雲一一型 [E16A1]

　水上主力艦の保有量を、米・英海軍の6割に制限された日本海軍は、その不足分を航空戦力で補う方針を立てて陸上攻撃機を生み出し、さらには、大型飛行艇にまで雷・爆撃能力をもたせて、『漸減作戦』構想を確固たるものにしようと努力した。

　そして、上記戦力にもうひとつ新しい機種を加えるべく計画されたのが、昭和14年度の『十四試特種水上偵察機』。試作発注先は、水上機開発に経験が深い愛知だった。

　水上偵察機という名称を付してはいるが、"特種"の文字が示すように、本機は従来までの水偵とはまったく異質のもので、要求項目中に、急降下爆撃が可能なること、固定射撃兵装を備え、良好なる格闘戦性能を持つことと明記されているとおり、実質的には艦上爆撃機を水上機化したものといってよかった。

　海軍は本機を巡洋艦、水上機母艦に搭載し、主力艦同士の砲撃戦のまえに、集団をもって敵艦隊に攻撃を加えて戦力を殺ぎ、味方艦隊を優勢に導こう（これを漸減作戦と称した）と考えたのである。

　愛知は、松尾喜四郎技師を主務者にして設計に着手し、1年7ヶ月後の昭和17年3月に試作1号機を完成させた。

　『金星』五〇型系発動機（1,300hp）を搭載した、低翼単葉双浮舟形態の本機は、細く引き締まった胴体、空気力学的に洗練のきいた浮舟支柱、風防、尾翼などからみて、単なる水上偵察機ではないことが、ひと目でわかった。

　設計的にユニークなのは、左、右2本ずつの浮舟支柱のうち、前方のそれが、急降下の際には左右に90度開き、制動板（エア・ブレーキ）の働きをすることだった。当初は、単なる板状だったが、開いたときに渦流を発生することがわかり、のちに小穴をあけた。

　試作機によるテストでは、速度、上昇性能が要求値をやや下廻り、細かな不具合箇所も指摘されたが、概ね良好と判定され、海軍は、とりあえず制式採用内定と、30機の量産を愛知に下令した。

　昭和18年8月、本機は水上偵察機『瑞雲』一一型[E16A1]の名称で制式採用され、翌年春、航空戦艦『伊勢』『日向』に便乗する予定の、第六三四

航空隊を皮切りに就役を開始した。

しかし、この頃には、もはや主力艦同士の砲撃戦、すなわち艦隊決戦などは昔日の夢と化して起こりようもなく、瑞雲は空母部隊艦載機の補助戦力と見なされるようになっていた。とはいえ、水上機として高性能といっても、艦上機といっしょに昼間行動できるような状況にはなく、夜間行動が原則とされた。

瑞雲の実戦参加は、空中分解事故の原因究明などによって遅れ、19年10月下旬、フィリピンに進出した六三四空、および偵察第三〇一飛行隊所属機による、捷号作戦中の第一次航空総攻撃が最初だった。

すでに、この頃は制空権を米軍に握られ、瑞雲はレイテ島、ミンドロ島などの米軍要地に対する夜間ゲリラ攻撃、魚雷艇攻撃などに奮闘したが、損害も少なくなかった。

20年3月末以降の沖縄戦でも、瑞雲は夜間ゲリラ攻撃に活躍、とりわけ、周辺海域の小艦艇に対する爆撃は予期以上の成果をあげ、米軍側に相当の警戒感を募らせた。

しかし、こうした瑞雲の活躍も、戦局全般からみればささやかな抵抗にすぎず、米軍の沖縄制圧とともに、その実戦活動は事実上終焉した。

瑞雲は、当初の構想とはまるで違った使われ方をしたが、戦争末期の厳しい状況下、夜間爆撃機として、それなりの存在価値をもっていたことは事実で、一定の評価はできる。

ただ、生産数は、日飛での転換生産分をあわせても256機にとどまり、装備部隊は少なかった。

### 諸元/性能
全幅：12.80m、全長：10.84m、全高：4.74m、全備重量：3,800kg、発動機：三菱『金星』五四型空冷星型複列14気筒（1,300hp）×1、最大速度：448km/h、航続距離：2,535km、武装：13mm機銃×1、20mm機銃×2、爆弾：250kg、乗員：2名

● 愛知　水上偵察機『瑞雲』[E16A]（昭和17年）

瑞雲一一型[E16A1]

# 愛知 艦上攻撃機『流星』[B7A]（昭和17年）

試製流星 [B7A1]

　艦上攻撃機という名称を冠してはいるが、本機は、それまでの艦攻とはまったく異質のもので、どちらかといえば、艦攻としても使える艦爆と考えたほうがよい。要するに、従来までの両機種を統合した機体である。

　昭和15年頃になると、艦船の装甲が強化され、艦爆には500kg以上の大型爆弾を携行できる能力が求められ、また艦攻にも高速で退避行動をとる敵艦に対し、低空を高速飛行し、かつ俊敏な機動ができる機体強度が求められるようになった。そのため、両機種の差異はなくなり、空母上での運用面からも、1機で両機種を兼ねる機体が望ましいという考えが出てきた。

　こうした考えは、奇しくも米海軍にも生まれ、のちに傑作として名高いダグラスADスカイレーダーの誕生を促すことになる。

　海軍は、この新構想の試作を愛知に託すことに決め、昭和16年に入り、十六試艦上攻撃機の名称で正式に発注した。

　例によって海軍側の要求は過酷で、水平爆撃、急降下爆撃、雷撃が可能なことはもちろん、500kg爆弾を携行して最大速度300kt（556km/h）以上を出し、航続力は1,000浬（1,852km/h）以上、20mm機銃2挺の固定武装をもち、九九式艦爆に匹敵する運動性も併せもつという、きわめて欲張ったものだった。

　愛知は、新進気鋭の尾崎紀男技師を主務者に配して設計に着手、昭和17年12月に試作1号機を完成させた。機体は、この頃の海軍試作機には定番となった、中島『誉』発動機を搭載し、全幅14.40m、全長11.47m、全備重量4.9トンという、艦攻『天山』とほぼ同じスケール、重量の大型機だった。

　外観上の最大の特徴は、主翼が正面から見て"W"字形に屈折した、いわゆる"逆ガル翼"になっていたことで、日本の軍用機としては異例の奇抜さだった。

　これは、胴体内爆弾倉を有する関係で、主翼の取付位置が必然的に中翼配置となり、そのために長く重くなる主脚を、強度保持、重量軽減のために短くする必要があって採った措置だった。

　超ヘビー級の機体に、相応の離着艦性能を持たせるためのダブル・スロッテッド・フラップ、『彗星』に倣った引込式の急降下制動板（エア・ブレーキ）など、新しい機構も随所に採り入れていた。

　しかし、この試作機は、構造設計上の不手際により、重量が計算値を大きく超えてしまっていることがわかり、主翼を全面的に再設計しなければならなくなった。そのため、当初の計画は大幅に遅れ、

# 愛知 艦上攻撃機『流星』[B7A] (昭和17年)

試製流星 [B7A1]

『試製流星』の固有名称を付与された再設計機が、数多く改修を繰り返し、性能もほぼ要求値に近くなって量産に入ったのは、昭和19年（1944年）4月のことだった。

だが、艦爆と艦攻の一元化を運用面まで含めて実施するのは簡単ではなく、横須賀航空隊における実用試験は、20年に入ってからも続けられ、ようやく最初の装備部隊、攻撃第五飛行隊が編成されたのは同年3月のことだった。

この頃、すでに日本海軍は航空母艦の運用を放棄しており、海軍と愛知が必死の努力と苦心を重ねた、流星の艦上機としての性能は無用のものになっていた。

沖縄戦にも流星は参加できず、第五飛行隊の初出撃は、終戦直前の7月25日、本土近海まで接近してきたイギリス海軍機動部隊に対する薄暮雷撃だった。その後、8月9、13、15日と3回、同様の出撃をしたが、戦果のほどは不明。これらは実質的な神風特攻であり、流星の実戦活動のすべてだった。

流星の生産は、愛知の他に海軍第二十一航空廠（長崎県・大村）でも行われたが、時期的にも多数は望めず、両所あわせてわずか111機にとどまった。

### 諸元/性能

全幅：14.40m、全長：11.49m、全高：4.07m、全備重量：5,700kg、発動機：中島『誉』一二型空冷星型複列18気筒(1,825hp)×1、最大速度：543km/h、航続距離：3,000km、武装：13mm機銃×1、20mm機銃×2、魚雷/爆弾：800kg、乗員：2名

試製流星 [B7A1]

第三章 激闘 太平洋戦争期

# 川西 局地戦闘機『紫電』[N1K1-J、K2-J]（昭和17年）

紫電一一甲型 [N1K1-Ja]

　海軍水上機、飛行艇の専門メーカーだった川西が、将来を見据え、同社初の陸上機として自主提案、当局に認められて試作、採用されたのが本機。

　陸上機設計未経験のリスクを少なくするため、当時試作中だった十五試高速水上戦闘機（のちの『強風』）を母胎とし、発動機を中島『誉』に換装、浮舟を車輪付きの降着装置に変え、胴体後部、垂直尾翼を再設計するというのが改設計のポイントだった。

　作業は太平洋戦争開戦直後の昭和17年（1942年）早々に始まり、同年12月には早くも試作1号機が完成した。設計主務者は、十五試高速水戦と同じ菊原静男技師で、試作名称は仮称一号局地戦闘機[N1K1-J]と呼ばれた。

　しかし、完成した一号局戦の性能は、計画値をかなり下廻り、お決まりの『誉』発動機の不調、プロペラの不具合をはじめ、陸上機設計に経験がない川西の悲しさで、機体各部にも欠陥があって、とうてい実用機として採用できる状態ではなかった。

　だが、十四試局戦のモタつき、零戦の後継機不在という、"お家事情"を抱えていた海軍には、まがりなりにも2,000hp級発動機を搭載する一号局戦は、簡単に"ボツ"にはできなかった。

　そこで、『試製紫電』の固有名称を付与したうえ

で、昭和18年8月、川西に量産を発注し、これと並行して不良箇所を直していくという賭けにでた。

　しかし、昭和19年2月、最初の装備部隊となった第三四一航空隊に就役した紫電は、発動機、プロペラ、主脚などに故障が頻発して、性能、稼働率ともに低く、とても新鋭戦闘機として期待されるという状況にはならなかった。

　三四一空にとっての本格的実戦参加は、19年10月のフィリピン攻防戦だが、目立った実績を残せないまま、圧倒的優勢な米軍航空戦力のまえに、壊滅してしまう。

　その後、紫電は内地の各航空隊にも配備されたが、防空戦において若干の戦果を記録した程度にとどまり、存在感の薄い機体という印象は拭えなかった。

　海軍が、本機を局地戦闘機『紫電』の名称で制式兵器採用したのは、生産も縮小期に入った昭和19年10月であり、この辺りにも、真に実用機としての信頼を得られなかった様子が感じられる。

　紫電の生産型は一一型のみで、武装の違いにより、一一型、一一甲型、一一乙型、一一丙型の4種類のサブ・タイプが存在した。生産数は計1,007機で、期間の短さからすれば意外に多い。

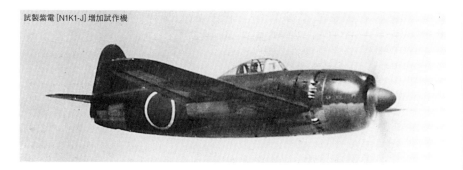

試製紫電[N1K1-J]増加試作機

## 川西　局地戦闘機『紫電』[N1K1-J、K2-J]（昭和17年）

　試作、増加試作機のテスト段階で機体の根本的欠陥を露呈した紫電に対し、川西は、発動機、プロペラの故障・不調対策が講じられている間を利用し、機体の欠陥箇所を思い切って再設計したいと海軍に提案。これが認められ、昭和18年3月、あらためて一号局地戦闘機改[N1K2-J]の名称により、作業着手した。

　再設計の要点は、主翼を低翼配置に改め、故障、トラブルの元凶とされた、伸縮式主脚を標準的なものに変更、胴体は上部を細くしたスリムな断面形に刷新、それにともなう主翼結合部のフィレット変更、胴体尾部の延長、垂直尾翼の刷新などだった。

　発動機関連の変更も実施し、カウリング前面の気化器、潤滑油冷却空気取入口を空力的にリファインした。

　こうした外面的な変更に加え、一号局戦改に対し、川西がとくに意を注いだのが、生産性の向上である。紫電の部品総数は約66,000個にも達しており、工具泣かせの"造りにくい"機体だった。一号局戦改は、これを約43,000個に減らしたのだ。戦時下の量産機には、きわめて重要な"内部改革"である。

　川西は、状況の厳しさを踏まえ、わずか10ヶ月で試作1号機を完成させ、昭和19年元旦、初飛行にこぎつけた。テストしてみると、再設計の効果は歴然で、『誉』発動機さえ額面どおりの出力を出せば、最大速度は630km/hに届き、上昇力、運動性なども確実に紫電を凌ぐことがわかった。そして、何よりも機体の不具合が無くなり、実用性が格段に改善されたことが大きかった。

　ようやくにして、望みどおりの戦闘機が実現したことに驚喜した海軍は、『試製紫電改』の名称により、川西に対し急速な実用化と量産準備を下令した。

　テストが意外に長引いたことと、量産体勢が整うのに時間がかかり、試製紫電改の生産機が完成し始めたのは、昭和20年に入ってからで、最初の装備部隊、第三四三航空隊（二代目『剣』）への就役開始は2月なかばと遅れた。

　海軍は、20年1月、本機を局地戦闘機『紫電』二一型[N1K2-J]の名称で制式採用、川西のほか、三菱、愛知、昭和、さらには第一十一、二十一航空

紫電一一乙型[N1K1-Jb]

日本軍用機事典【海軍篇】　133

# 第三章 激闘 太平洋戦争期

## 川西 局地戦闘機『紫電』[N1K1-J、K2-J] (昭和17年)

試製紫電改[N1K2-J]1号機

廠も動員し、計11,000機にも達する膨大な量産計画を立てた。海軍が本機に対して、いかに大きな期待をかけていたかがわかる。

しかし、この頃はB-29による空襲で、各工場は大きな被害を出しており、結局、終戦までに川西で約400機、その他少数を合わせ計約450機程度つくったのみにとどまり、真の主力戦闘機とならないまま終わった。

本機を装備した唯一の実施部隊、三四三空の初陣による大戦果は、まさに面目躍如たるものだった

が、以後は米軍側の圧倒的戦力を相手に苦戦が続き、終戦時は幹部搭乗員が壊滅した状態だった。

通称"紫電改"と呼ばれた本機は、海軍の期待が大きく、多くの生産型が計画、あるいは試作されたが、実際に生産されたのは二一型と三一型のみで、その大半は前者だった。

紫電改は、当時の欧米各国新型レシプロ戦闘機と比較すれば、設計、性能ともに、やや見劣りするのは否めないが、日本海軍航空隊が持ち得る、最善の戦闘機であったことは事実だった。

**諸元/性能** ※一一甲型[N1K1-Ja]を示す
全幅:12.00m、全長:8.88m、全高:4.05m、全備重量:3,900kg、発動機:中島『誉』二一型空冷星型複列18気筒(1,990hp)×1、最大速度:583km/h、航続距離:2,542km、武装:20mm機銃×4、爆弾:120kg、乗員:1名

**諸元/性能** ※二一甲型[N1K2-Ja]を示す
全幅:11.99m、全長:9.34m、全高:3.96m、全備重量:4,200kg、発動機:中島『誉』二一型空冷星型複列18気筒(2,000hp)×1、最大速度:594km/h、航続距離:2,392km、武装:20mm機銃×4、爆弾:500kg、乗員:1名

紫電二一甲型(紫電改)[N1K2-Ja]

## 福田『光』6・2型滑空機（昭和17年）

　空挺隊兵員輸送滑空機MXY5の操縦員を養成する目的で、昭和15年に陸軍がキ23の名称で試作させた複座の練習用滑空機を、海軍が実用審査目的で少数調達したもの。非公式に『上級滑空機』と呼んでいたが、全幅17mに達する長い主翼に、振動が発生するなどの理由で不採用になった。

### 諸元/性能
全幅：17.00m、全長：7.68m、全高：1.20m、全備重量：400kg、滑空速度：70km/h、乗員：2名

## 日本小型飛行機 力型『若桜』滑空機（昭和16年）

　『光』6・2型とともにMXY5の操縦員養成用に計画された、高速曳航・無制限曲技滑空機。MXY5の滑空性能に似せるため、練習用滑空機としては、異例に小さいアスペクト比7.03の主翼にしたことが特徴。曳航機は九三式中練、または九七式艦攻が充てられた。
　1号機は昭和16年末に完成し、テストの結果は良好だったが、NXY5そのものの量産が見送られたため、8機程度がつくられ、うち数機が霞ヶ浦空にて訓練に使われたのみ。

### 諸元/性能
全幅：11.25m、全長：8.80m、全高：1.80m、全備重量：550kg、滑空速度：101km/h、乗員：2名

# 空技廠 MXY3, 4 滑空標的機（昭和13、16年）

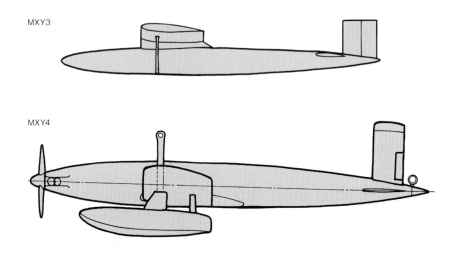

　水上艦船の高角砲射撃訓練時には、その標的として吹き流しが使われてきたが、昭和12年秋、より実際的な効果をあげるべく、滑空機を充てることにし、航空廠に設計が命じられた。

　MXY3と称した機体は、木製骨組みに合板、および羽布の外皮を張った構造で、全幅8m、全長5m、重量310kgの小型機だった。九四式水偵の上翼に固定されて発進、一定高度に達したところで切り離し、訓練空域を直進滑空（速度は139km/h）するようにした。

　テストの結果、直進性が不足したため、ジャイロ式操舵器を使った自動操縦装置を追加して審査をパスした。もっとも、本機に続いてMXY4の開発も始まったため、実験に使用された程度にとどまり、製作数は30機で打ち切られた。

　滑空するだけのMXY3は、所定高度を維持できる時間は限られてしまうが、これに小型発動機を付け、無線操縦式にすれば、砲弾が命中するまで何度も訓練空域に戻って使用できるという構想がまとまり、昭和15年、空技廠（航空廠の後身）がMXY4の名称で設計に着手した。

　MXY4の機体サイズは、MXY3よりひとまわり大きく、全幅10m、全長7.5m、重量510kgで、『せみ』一一型と称した、25〜32hpの空冷水平対向型4気筒発動機を搭載した。命中破壊を免れれば、海上に着水して回収、再使用するため、左、右主翼下面に各1個の浮舟を備えているのが特徴。

　やはり、九四式水偵を母機にして発進、訓練空域に近づいたところで切り離す。16年に完成した試作機をテストしたところ、好成績をおさめたので、17年5月、一式標的機の名称で制式採用された。一定数が造られたが、太平洋戦争が始まってしまい、あまり広範に使われないまま終わった。現代の"ドローン"機の先駆的存在といえ、日本海軍航空技術史上でも、ひときわ異色の存在。

# 空技廠 MXY5特殊輸送機（昭和17年）

第二次世界大戦初期、ドイツ空軍が世界に先がけて実戦投入した、空挺作戦用の兵員輸送グライダーは、列強各国に大きな衝撃を与え、こぞって同機種の開発に奔走させた。

日本海軍も例外ではなく、昭和16年8月、空技廠に対してMXY5の名称により、大型曳航滑空機の試作を命じた。本機は操縦員1名の他、完全武装の兵員11名を収容し、九六式陸攻、もしくは一式陸攻によって同時に2機を曳航、800mの滑走で離陸可能なこと、着陸と同時に兵士が速やかに機外に飛び出せること、など要求条項が付された。

空技廠は、木金混成骨組みに、合板と羽布の外皮を張った全幅18m、全長12.5m、重量2,500～2,700kgの肩翼配置の主翼をもつ機体にまとめ、日本飛行機の担当で17年2月に1号機、さらに実験と併行しつつ、20年7月までに計12機を製作した。

離陸滑走時は、胴体中央付近の下面に取り付けた車輪を使うが、離陸後はすぐにこれを切り離し、胴体に造り付けにした橇を使って着陸した。胴体中央付近の側面両側には、縦長の乗降、脱出扉が設けられ、着陸後は、ここから11名の兵士が速やかに機外に飛び出せるようにしていた。なお、操縦員も着陸後は兵士の1人として戦うので、操縦室風防を開放し、ここから外に飛び出す。

完成したMXY5は、霞ヶ浦、木更津基地などで念入りな審査をうけ、概ね良好な成績を示した。だが戦況の変化もあってか、空挺作戦そのものを実施する機会も少なく、また、海軍は兵士を落下傘降下させる戦術に重点を置いたこともあり、MXY5は制式採用されることなく終わった。

### 諸元/性能

全幅：18.00m、全長：12.50m、全高：3.57m、全備重量：2,500～2,700kg、発動機：―、最大速度：126km/h、航続距離：―、武装：―、爆弾：―、乗員：1名、兵員：11名

製作中のMXY5の胴体部分

第三章 激闘 太平洋戦争期

## 渡辺 機上作業練習機『白菊』[K11W]（昭和17年）

白菊二一型[K11W2]

　昭和11年度試作の、三菱十一試機作練を不採用とした海軍は、旧式化を承知で九〇式機作練を使いつづけてきたが、さすがに昭和16年頃になると、後継機の開発に着手しなければいけない情況になった。そこで同年6月、渡辺鉄工所に対し十五試機上作業練習機[K11W1]の名称により試作発注を行った。本来ならば、発注時期からして十六試……となるはずだが、すでに前年度から渡辺に対し、基礎研究を命じていたという理由によるものだろう。

　発動機は、十一試機作練のそれと同系の『天風』を選択したが、出力はずっと大きい二一型（515hp）なので、単発形態とした。操縦員、教員各1名の他、練習生3名を収容できる、上下方向に深く、下が角張った断面の全金属製胴体に、骨組み、外皮とも木製のテーパー主翼を、中翼配置に組み合わせた、実用本位の手堅い設計とした。

　降着装置はむろん引込式などではなく、コンパクト、かつ洗練度のきいたカバーで覆う固定脚である（のちに、生産機はカバーを省略した）。

　試作1号機は、昭和17年11月に完成し、審査の結果、安定性に少し欠けるきらいはあるが、性能、実用性ともに良好と判定され、制式採用を待たずに『試製白菊』の固有名称を付与され、量産が下令された。

　白菊の速度、上昇力などの性能は、先の十一試機作練よりもむしろ劣っていたが、この種機体の生命線は実用性の良否であり、内部装備も時代に相応して近代化していた白菊は、練習航空隊においても高い評価を得た。

　昭和18年後半に入り、教員席を廃止して練習生4名収容に変更した『試製白菊改』が試作され、好評を博したため、本型のほうに生産を切り替えた。

　昭和19年3月、海軍は白菊をようやく制式採用し、『試製白菊』は機上作業練習機『白菊』一一型[K11W1]、『試製白菊改』は同二一型[K11W2]の名称を付与した。

　白菊の本格就役と時期を同じくして、海軍は航空機乗員の急速大量養成に着手したため、需要は急増し、18年度が209機だった生産数は、19年度に520機に増加、20年度の65機とあわせて、計798機に達した。機種の用途からすれば相当な数である。

　訓練項目に合わせて、胴体内の座席配置を変更できる白菊は、手頃なユーティリティ（汎用）機としても重宝され、連絡、軽輸送、さらには対潜哨戒などにも使われている。

白菊二一型 [K11W2]

## 渡辺 機上作業練習機『白菊』[K11W](昭和17年)

本来なら、血なまぐさい実戦の場とは無縁の機体のはずだったが、昭和20年5〜6月にかけての沖縄戦末期、実用機が枯渇した穴埋めとして、徳島航空隊などの白菊が神風特攻に駆り出され、延べ四次、計72機が突入した。

この神風特攻に使われた白菊は左、右主翼下面に二五番(250kg)爆弾各1発をくくり付けられており、通常でも最大速度が220km/h足らずの本機にとって、その性能低下は推して知るべしで、まず、目標に近づくことさえほとんど不可能だった。悲惨の極みとしか言いようがない。

なお、白菊の主翼は、最初から木製とされたが、昭和19年4月以降、アルミニウム合金不足に対処し、胴体後部、尾翼も木製化されている。

さらに、戦争末期の日本の海上輸送に大きな脅威となっていた米海軍潜水艦に対し、白菊を全木製化、機体サイズもひとまわり大きくし、引込式主脚に変更した、陸上哨戒機『試製南海』[Q3W1]も計画されたが、終戦のため実現しなかった。

**諸元/性能** ※二一型 [K11W2]を示す(射撃訓練仕様)
全幅:14.98m、全長:9.98m、全高:3.10m、全備重量:2,565kg、発動機:日立『天風』二一型空冷星型9気筒(515hp)×1、最大速度:229km/h、航続距離:1,176km、武装:7.7mm機銃×1、爆弾:60kg、乗員:5名

徳島航空隊の白菊二一型 [K11W2]

## 第三章 激闘 太平洋戦争期

# 中島 艦上偵察機『彩雲』[C6N]（昭和18年）

十七試艦上偵察機[C6N1]試作第3号機

　それまで、艦攻を転用することで間に合わせてきた、日本海軍の艦上偵察機運用方針は、昭和16年頃になり、太平洋戦争開戦の気運が高まってきたこともあって変化し、中島に対し、専用の高性能艦上偵察機の研究を指示した。

　そして、開戦から約半年を経た昭和17年6月、十七試艦上偵察機の名称により、正式に試作発注した。海軍の要求は例によって過酷なレベルで、米海軍の現用主力艦戦グラマンF4Fは言うに及ばず、今後出現するであろう敵新型艦戦をも凌げる、350kt（648km/h）の速度と、4,630kmという単発機としては桁外れの長大な航続力というものだった。

　社内名称『N-50』として研究を進めてきた中島は、発動機に自社製『誉』を選択、胴体は極限まで絞り込んだ細身のスマートな形状にし、これに、零戦より少し面積が大きい程度の主翼を組み合わせて、高速を狙った。

　細部の設計にも新しい試みを積極的に導入したが、とりわけ、主翼断面形に層流翼型を使ったこと、多量の燃料を収容するために、主翼内部容積の80%も占める、セミ・インテグラル・タンクにしたこと、骨組みを簡略化してそのぶん厚めの外鈑を使い、工数を削減したこと、重量4.5トンのヘビー級となるのを見越して、離着艦時の揚力確保のために、ダブル・スロッテッド・フラップ、フラップの役目も兼ねるエルロン・フラップ、さらには、艦上機としては前例のない、前縁フラップを採用したことなどが画期的といえた。

　外観上、『天山』と同様に垂直尾翼が前傾しているのは、航空母艦の昇降機（エレベーター）に載せたとき、規定内のクリアランスを確保するため。また、主脚取付位置が主翼弦長の中心に近い位置にあり、主脚を下げた状態のとき著しく前方へ傾くのは、主翼が層流翼型のため、厚みのない前縁近くに車輪を収納できないためだった。

　こうして、数々の新機軸を導入したわりには、十七試艦偵の試作はきわめてスピーディに進行し、昭和18年4月には早くも1号機が完成、5月15日には初飛行も済ませてしまった。中島技術陣の有能ぶりが察せられる。

　テストの結果も、海軍側を喜ばせるには充分で、最大速度は、わずかに要求値を下廻ったものの、345kt（639km/h）を出し、雷電、紫電などの新型戦闘機でさえも及ばない、日本海軍機としての最速記録を示したのだ。

　海軍は、ただちに『試製彩雲』の固有名称を付与して、中島に制式採用を前提にした量産指示を出した。

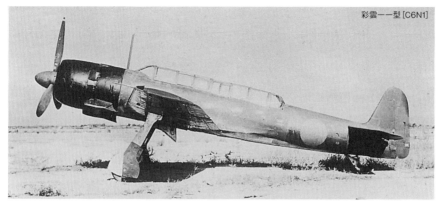

彩雲一一型 [C6N1]

## 中島 艦上偵察機『彩雲』[C6N] (昭和18年)

しかし、中島の量産体制はすぐには整わず、とりあえず、昭和19年春、試作、増加試作機がまず陸上基地偵察隊に配備された。最初に本機を受領したのは、マリアナ諸島のテニアン島に展開していた第一二一航空隊で、同年5月15日現在7機を保有し、長駆、マーシャル諸島の米海軍根拠基地への偵察行を実施、実戦デビューした。

そして、その後もマリアナ、フィリピン、台湾と、米海軍部隊と攻防戦がつづいた過程で、彩雲は各地への強行偵察に奮闘、貴重な敵情入手源となった。こうした中で、グラマンF6Fの追跡をうけた彩雲が、その高速を武器に振り切り、"我に追い付くグラマンなし"の有名な電文を打ったことが、エピソードとして残った。

しかし、戦況が悪化すると、せっかく彩雲がもたらした情報も生かせなくなり、最後は、本土防空のための哨戒機として使われるなどして終戦を迎え、航空母艦から運用される機会はついに巡ってこなかった。

試作、増加試作機に続いた生産型は一一型ともいわれるが、昭和20年4月現在でも、まだ制式採用になっておらず、『試製彩雲』の名称のままだった。生産数は中島で398機、他に日本飛行機が数十機転換生産したともいわれる。

#### 諸元/性能
全幅:12.50m、全長:11,15m、全高:3.96m、全備重量:4,500kg、発動機:中島『誉』二一型空冷複列18気筒(1,990hp)×1、最大速度:609km/h、航続距離:3,080km、武装:7.92mm機銃×1、爆弾:―、乗員:3名

彩雲一一型 [C6N1]

第三章 **激闘** 太平洋戦争期

# 三菱 艦上(局地)戦闘機『烈風』[A7M] (昭和19年)

試製烈風[A7M2]試作3号機

　零戦の高性能に浮かれてしまった日本海軍は、諸々の事情があったにせよ、後継機開発に遅れをとった。十七試艦上戦闘機の名称により、後継機を三菱に正式に試作発注したのは、すでに太平洋戦争開戦から半年も過ぎた、昭和17年6月のことだった。当時、戦闘機の開発テンポは3年が平均だったことからすれば、零戦の試作着手から5年以上も過ぎており、怠慢と指摘されても仕方のないところだ。

　時勢からして、十七試艦戦には当然2,000馬力級発動機が求められ、海軍側は、三菱が希望する自社製『A-20』(のちの『ハ四三』)を退け、当時、各種新型機にのべつまくなしに搭載を命じていた、中島『誉』を押しつけた。

　この発動機選定の不協和音に加え、十七試艦戦は、零戦と同等の運動性能を要求する、海軍側の錯誤感覚により、最初から成功の芽を摘み取られてしまったような、不吉なスタートだった。

　零戦に比べ、約1.8倍も重量が大きくなる十七試艦戦が、同等の運動性を持つことなど物理的に不可能であり、敢えてそれに近づけようとすれば、翼面荷重を必要以上に低くしなければならず、主翼は異常な大面積とならざるを得ない。そうなれば、必然的に抵抗も増し、速度性能は伸びなくなる。

　零戦につづいて、本機の設計主務者となった堀越技師は、結局、翼面荷重を海軍の要求どおり130kg/㎡に設定し、全幅14m、面積30.8㎡という、二座艦攻並みの大きな主翼にせざるを得なかった。

　機体外形は、ほぼ零戦のそれを踏襲したといってよく、特に目新しい部分はないが、大きな主翼は、主脚取付部のすぐ外側まで上反角がなく水平で、外翼にのみ上反角をつけた点が、零戦との明確な相違である。

　太平洋戦争がますます激化し、前線からは零戦の改良要求が矢継ぎ早につぎつぎと送られ、雷電の実用化モタつきなども重なって、三菱設計陣は多忙を極め、十七試艦戦の試作は遅れた。

　それでも、どうにか昭和19年4月に1号機の完成にこぎつけたが、性能テストの結果は惨めで、最大速度は要求値345kt(640km/h)に遠く及ばない310kt(574km/h)どまり、上昇力に至っては、高度6,000mまで11分と、零戦五二型にも劣る有様だった。

　不振の最大原因は、『誉』発動機が額面どおりの出力を出していなかったことで、堀越技師は、海軍に対し、当初に自分たちが主張した、自社製『A-20』発動機に換装したうえでの再審査を要求した。

試製烈風[A7M2]試作3号機

# 三菱 艦上（局地）戦闘機『烈風』[A7M](昭和19年)

しかし、十七試艦戦の将来性はないと見限った海軍は、本機の開発中止、三菱工場は『紫電改』の転換生産の準備をすべしという、屈辱的な命令を下した。

だが、これを不服とした三菱は、社内作業という名目で、『A-20』への換装を実施、A7M2の記号に変更した試作機を、19年10月に完成してテストした。

すると、速度は要求値に近い337kt（624km/h）、高度6,000mまでの上昇時間は6分5秒と、見違えるほどに改善していることが確認された。これを伝え聞いた海軍は、手の平を返したように、一転して三菱に対し生産準備を下命した。だがすでに遅きに失し、局地戦闘機『烈風』一一型[A7M2]の制式採用（20年6月）決定も空しく、量産機の出る前に終戦となり、すべてが水泡に帰した。製作数は試作、増加試作機あわせて8機のみ。

結局、烈風は、海軍の戦闘機発達に対する無定見と、行政のまずさにより、最初から成功の望みが薄い機体だったということに尽きる。三菱技術陣の努力は敬服に値するが、当時、太平洋戦域に登場寸前だった宿敵米海軍の新鋭、グラマンF8Fベアキャットの傑出した設計と高性能の前には、いささか色褪せた存在に見えてしまう。

**諸元/性能** ※一一型[A7M2]を示す
全幅：14.00m、全長：11.04m、全高：4.23m、全備重量：4,720kg、発動機：三菱『ハ四三』一一型空冷星型複列18気筒（2,200hp）×1、最大速度：624km/h、航続時間：2.0hr＋空戦0.5hr、武装：20mm機銃×4、爆弾：120kg、乗員：1名

試製烈風[A7M2]試作3号機

# 愛知 特殊攻撃機『晴嵐』[M6A]（昭和18年）

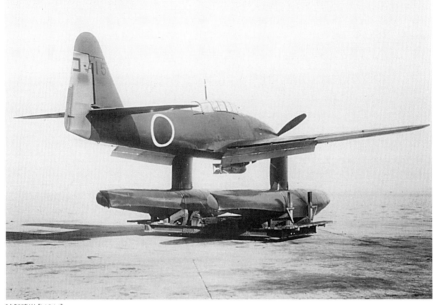

試製晴嵐[M6A1]

　他国に例がない、潜水艦搭載水上偵察機を運用していた日本海軍は、太平洋戦争開戦直後、この構想を一歩すすめ、超大型潜水艦に、艦上機に匹敵する能力を持つ本格的な攻撃機を搭載し、敵の重要目標に奇襲攻撃を加えるという、いわば"水中空母"ともいうべき計画を提案した。

　そして、"潜・特"と称する伊号第四〇〇型潜水艦の設計、建造に着手するのと同時に、愛知に対し、十七試特殊攻撃機[M6A1]の名称により、搭載機の試作を命じた。

　当初、愛知は自社で量産を準備していた、十三試艦爆（『彗星』）を転用しようと考えていたが、分解・格納のために、主翼を折りたたみ可能にするのが困難なうえ、水上機に改造するには、相応の再設計が必要ということもあって、まったく新規に開発することにした。

　発動機は、急速発進が可能な液冷が望ましく、自社で生産中の『熱田』を選択、基本的には、試作中の十六試水上偵察機（のちの『瑞雲』）に倣った、双浮舟形態の複座水上機にまとめた。

　本機の設計上の最重要ポイントは、なんといっても、全幅12m、全長11m、重量4トンに達する機体を、直径3.5mしかない潜・特の格納庫内に、素早く収容、そして組み立てられるようにすることだった。奇襲攻撃を身上とする以上、これにモタついていては、敵機に反撃され、母艦もろとも撃沈されてしまうからだ。

　尾崎紀男技師以下の愛知技術陣は、双浮舟を着脱式にしたうえで、主翼は左・右とも付け根の中央を軸に下方に90度回転させ、その後、胴体側面に沿うよう後方に、水平尾翼は途中から下方に、垂直尾翼は上端を右側にそれぞれ折りたたむという方法で、これをクリアした。

　のちに、訓練中に計測したところでは、母艦が浮上してから機体を組み立て、3機を次々に発艦させ終わるのに要した時間はわずか20分、という好成績を示し、前記格納要領が優れていたことを証明した。

なお、のちの実戦出撃に際しては、奇襲攻撃は1回限りとされ、発進の際に浮舟は装着せず、帰還後は母艦の近くに不時着水して機体は放棄、搭乗員のみを収容するということにしたため、浮舟の着脱時間は不要だったことから、もう少し発進所要時間は短縮されるはずだった。

試作1号機は、昭和18年11月に完成し、テストの結果、概ね要求性能を満たしていることが確認され、新たに『試製晴嵐』の名称を付与して愛知に生産を命じた。

しかし、昭和19年になると戦況が悪化し"水中空母部隊"の当面の目標とされた、アメリカ本土パナマ運河攻撃どころではなくなり、その構想自体を見直さざるを得なくなった。

その結果、伊四〇〇型潜水艦の建造予定数は18隻から5隻に激減、穴埋めに、伊十三型の2隻を、伊四〇〇型に準じた航空機搭載型に変更することになった。当然、『試製晴嵐』の生産数も削減され、のちに28機という少数で打ち切られた。

昭和20年3月、伊四〇〇型2隻、伊十三型2隻が完成したところで、海軍は第一潜水隊を編成、攻撃目標を、米海軍の南太平洋における根拠基地のいずれかと設定し、8月中旬をその実施時期と定めて訓練を行った。

7月下旬、攻撃本隊の伊四〇〇、四〇一潜の2隻は、ウルシー環礁を攻撃目標として青森県の大湊を出撃したが、攻撃機発進地点到達直前に8月15日の終戦を迎え、壮大なる"水中空母"構想は、戦局に何らの貢献もできないまま遺え去った。

なお、晴嵐は最後まで制式兵器採用の手続きは行われていないようで、20年7月時点の公式書類上でも、名称は『試製晴嵐』のままである。ちなみに増加試作機の6、7号機は、浮舟のかわりに『彗星』の降着装置を流用して取り付けた陸上機型に改造され、乗員訓練機『試製晴嵐改』[M6A1-K]となった。

### 諸元/性能
全幅：12.26m、全長：10.65m、全長：4.58m、全備重量：4,250kg、発動機：愛知『熱田』三二型液冷倒立V型12気筒(1,400hp)×1、最大速度：474km/h、航続距離：2,000km、武装：13mm機銃×1、魚雷/爆弾：800kg、乗員：2名

● 愛知 特殊攻撃機『晴嵐』[M6A]（昭和18年）

試製晴嵐改 [M6A1-K]（陸上機型）

# 第三章 激闘 太平洋戦争期

## 九州 陸上哨戒機『東海』[Q1W]（昭和18年）

十七試陸上哨戒機[Q1W1]試作1号機

　太平洋戦争が始まって、米海軍潜水艦の脅威が予想以上に大きいことに驚いた日本海軍は、昭和17年10月、渡辺鉄工所に対し、陸上基地から運用する専用対潜哨戒機を、十七試陸上哨戒機[Q1W1]の名称により試作発注した。それまで、対潜哨戒任務は水上偵察機、空母搭載の艦上攻撃機などが担当してきたが、それらの転用機では手に負えなくなってきたということである。

　対潜哨戒機に求められるのは、低空で長時間、安定した飛行ができること、敵潜水艦を発見したら、ただちに攻撃に移れる俊敏性を備えていること、乗員の視界が良いこと、そして、優れた探知機器類をもつこと、などであった。

　渡辺は、野尻康三技師を主務者にして設計に着手、1年2ヶ月という短期間の作業で、18年12月に試作1号機の完成にこぎつけた。

　低空で長時間の安定飛行という要求から、それほど高出力の発動機は必要がなく、実用面に定評があった、日立『天風』（610hp）の双発とした。

　乗員3名はすべて機首先端に集中配置し、ドイツのJu88双発爆撃機に範をとった、多面体構成のガラス窓でその乗員室を覆い、視界を確保した。したがって、胴体後方は何も設置物がなく、細長いスマートな形状になった。

　主翼は、幅をおさえるかわりに弦長を大きくとった、アスペクト比の小さい平面形が特徴で、内翼後縁に備えた、独特のスロッテッド・フラップが本機の用途を象徴していた。

　すなわち、弦長の40.75%位置にスロット（切れ込み）が設けてあり、フラップが下げ位置になったとき、ここから空気流を上面側に逃がし、3段式スロッテッド・フラップに似た効果を発揮する。これによって、潜水艦を発見して急降下爆撃を行なう際、フラップを90度まで下げられて、エア・ブレーキとしても使え、離着陸性能を向上させるのにも役立つ"優れメカ"だった。

　試作1号機は審査の結果、ほぼ計画どおりの性能を示したことから、19年4月、九州飛行機（18年10月に旧渡辺鉄工所を改称）に対し、量産開始が下命された。

　9月には、新しい潜水艦探知装置として、三式一号探知機[KMX]が実用化され、本機にも搭載さ

## 九州 陸上哨戒機『東海』[Q1W] (昭和18年)

れることになった。本装置は磁気を利用して潜水艦を探知するもので、通称"磁・探"と呼ばれ、日本海軍が世界で最初に実用化した先進機器だった。ただ、1台の探知範囲が狭いため、3機1組の編隊で海面上を低空飛行してサーチする。この磁・探のほか、本機は通常の機上レーダー、三式空六号無線電信機も標準装備とした。

本機を装備する最初の実施部隊が編成されたのは、昭和19年10月のことで、訓練ののち、12月から九州方面にて対潜哨戒任務に就いた。

昭和20年1月、海軍は、本機を陸上哨戒機『東海』一一型[Q1W]の名称で制式兵器採用、20年度内に計700機を調達する計画を立てたが、B-29による空襲や、軍需産業界全体の混乱などにより、終戦までに試作機を含めて計153機しかつくれず、真の対潜戦力になるには至らなかった。

なお、この153機の中には、20年2月に生産指示が出された、20mm機銃装備(胴体下面)型の『東海』一一甲型[Q1W1a]、20年7月に制式採用された、複操縦式の『試製東海練習機』[Q1W1-K]が少数ずつ含まれている。

東海は、世界的にみても、最初から対潜哨戒機として設計された初めての機体と言える。第二次世界大戦後に、この種の機体が興隆したことを考えれば、きわめて高い評価が与えられるが、当時の日本海軍には、本機を効果的に使いこなせるだけの力がなかった。その意味では、不運な機体だったといえる。

### 諸元/性能 ※一一型[Q1W1]を示す

全幅:16.00m、全長:12.08m、全高:4.11m、全備重量:4,745kg、発動機:日立『天風』三一型空冷星型9気筒(610hp)×2、最大速度:322km/h、航続距離:2,415km、武装:7.7mm機銃×1、爆弾:500kg、乗員:3名

試製東海[Q1W1]生産機

# 中島 十八試局地戦闘機『天雷』[J5N]（昭和19年）

試製天雷[J5N1]試作1号機

　太平洋戦争開戦から約1年が経過した昭和18年1月、海軍は、近い将来日本本土空襲に飛来する可能性が高くなった、米陸軍の四発超重爆ボーイングB-29を意識し、同機を迎撃できる、高性能、重武装の防空戦闘機の開発を決定。中島に対し十八試局地戦闘機の名称で試作発注した。

　要求性能は、最大速度360kt（667km/h）以上、高度6,000mまでの上昇時間6分以内、30mm、20mm機銃各2挺を備えるという、極めてハイ・レベルなものであり、それを踏まえ、海軍側は単座戦闘機でありながら、最初から『誉』発動機の双発形式を求めていた。

　中島は当初中村勝治技師、のちに大野和男技師を主務者にして設計をすすめ、昭和19年6月に試作1号機を完成させた。

　『試製天雷』の固有名称を付与された本機は、双発機とはいえ単座戦闘機なので、機体は非常に小柄で、主翼は全幅14.40n、面積32m²と十七試艦戦（『烈風』）とほとんど同じサイズ、面積だった。

したがって、『誉』発動機双発の約4,000hpの大パワーで、コンパクトな機体を強引に振り廻すというイメージであった。

　双発機の恩恵で、30mm、20mm機銃はすべて胴体内部下面に収容できたことから、命中精度という面では理想的だったし、操縦室、燃料タンクなどにも相応の防弾装備を施してあり、防空戦闘機としては不足はないと思われた。

　ところが性能テストしてみると、最大速度は要求値に遠く及ばない322kt（596km/h）どまり、上昇力も高度6,000mまで8分という予想外の低性能で、海軍側を落胆させた。

　原因は他の『誉』発動機搭載機と同じく、同発動機が額面どおりの出力を出していなかったことと、それに加え、プロペラ直径を過小に設定したこと、ナセルの形状、主翼とナセルの取付要領といった、空気力学面の設計処理にも問題があったためだった。

　中島はいろいろ改修を試みたが、好結果は得ら

れず、そうこうするうちに、当のB-29による本土空襲も激化の一途を辿って、戦況はますます悪化した。

昭和19年10月、海軍は現状の厳しさに鑑み、早急に実用化の目途が立たない試作機、あるいは、優先度の低い計画機は整理することに決定。天雷もその対象になったが、とりあえず発注されていた、6号機までの試作機製作は許可された。

昭和20年に入り、現用夜戦『月光』の旧式化が顕著となったことなどから、海軍は、天雷の夜戦としての可能性を確かめるため、試作5、6号機を複座に改造し、乗員室後方の胴体内に、2～4挺の"斜め銃"を追加して実験を試みた。しかし、明確な結論の出ないまま終戦となり、天雷は試作機の域を出ることなく終わった。

結果論ではあるが、天雷が仮に要求性能を満たし、制式採用されたとしても、太平洋戦争中に戦力化するのは不可能だったことは明らかであった。そのうえ、20年春以降、B-29にP-51が随伴するようになった事実を考えれば、天雷はいうに及ばず、日本陸、海軍の双発戦闘機にとって、昼間迎撃はほとんど不可能となり、その存在価値自体が希薄といえた。

なお、6機つくられた天雷のうち、1号機は19年8月、2号機は11月、5号機は20年に入ってそれぞれ事故により大破、4号機は、米海軍機の空襲により破壊という具合で、終戦時まで健在だったのは、3、6号機の2機だけだった。

### 諸元/性能
全幅：14.40m、全長：11.46m、全高：3.51m、全備重量：7,300kg、発動機：中島『誉』二一型空冷星型複列18気筒（1,990hp）×2、最大速度：596km/h、航続距離：1,482km、武装：30mm機銃×2、20mm機銃×2、爆弾：―、乗員：1名

● 中島 十八試局地戦闘機『天雷』［J5N］（昭和19年）

試製天雷[J5N1] 試作3号機

# 日本小型飛行機 練習用滑空機『若草』[MXJ1] (昭和17年)

昭和15年に、初級滑空機『文部省式一型』を採用した海軍は、昭和17年、さらに上級の滑空機の必要性を認め、日本小型飛行機に試作を命じた。海軍の要求は、ゴム索による発進で高度20mまで上昇、90度旋回が可能なることとなっており、日本小型飛行機は、三菱の協力を仰いで、17年夏に試作機を完成させた。

全幅10.82mの主翼に、やや大きめの水平尾翼を配した機体は、性能、安定性ともに優秀と判定され、19年3月に『若草』の名称により制式採用が決定、各地の滑空機製作所が分担して生産を行い、終戦までに約500機つくられ、予科練習生などの訓練に使われた。

### 諸元/性能
不詳

# 川西 輸送飛行艇『蒼空』[H11K]

試製蒼空[H11K1]の1/2スケールのモックアップ

二式飛行艇を改造した輸送飛行艇『晴空』の重要性を認めた海軍は、昭和18年12月、同機よりもさらに規模の大きい新規輸送飛行艇を計画、川西に対し『試製蒼空』の名称により試作指示した。

本艇は全幅48m、全長37m、総重量45トンという、海軍機史上最大級の巨人機で、いちどに80名の兵士を輸送できる能力が求められた。発動機は『火星』の四発、艇体は全木製、艇首に観音開き式の貨物扉を設けるという、多くの面で日本機離れした破天荒な設計だった。

しかし、戦況の悪化はこのような巨大飛行艇の試作を行なう余裕を与えず、川西は、紫電、紫電改の量産に全力を集中することに追われ、ほとんど作業が進まないまま、終戦直前の20年8月1日付けで、計画中止が決まった。

### 諸元/性能 ※計画値を示す
全幅:48.00m、全長:37.72m、全高:12.57m、全備重量:45,500kg、発動機:三菱『火星』二一型空冷星型複列14気筒(1,850hp)×4、最大速度:370km/h、航続距離:3,800km、武装:13mm機銃×3、爆弾:―、乗員:5名

# 三菱 十七試局地戦闘機『閃電』[J4M]

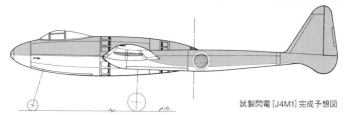

試製閃電[J4M1]完成予想図

　十四試局戦、一号局戦につづき、海軍が計画した3番目の局戦がこの『閃電』。試作発注が出されたのは昭和17年6月だが、三菱では、すでに前年から『M-60』の社内名称で研究していた。高度8,000mにて最大速度380kt(703km/h)、同高度まで上昇時間15分という破格の高性能を目標にし、自社で試作中のMK9D(A-20)発動機(2,200hp)を推進式に搭載し、双胴形態、前車輪式降着装置を備えた、異色の設計が注目された。

　しかし、中央胴体後部に搭載された発動機の冷却法に具体性を欠いたうえ、三菱設計陣は零戦の改良、雷電の実用化、烈風の試作などを抱えて余裕がなく、作業は遅々として進まなかった。そうこうするうち、戦況が悪化して昭和19年10月の試作/計画機整理の対象になり、閃電は陽の目を見ずに葬り去られた。設計資料の類も処分されて残っておらず、具体的なデータは不詳。

### 諸元/性能
不詳

# 空技廠 MXY-6実験機(昭和18年)

　昭和18年、空技廠の鶴野正敬大尉が発案した、エンテ型(海軍は前翼型と呼んだ)形態の戦闘機の、操縦特性を確認するために製作されたのが本機。機体の形状、サイズは、のちに製作される"本物"の『震電』とほとんど同じ。構造はすべて木製で、胴体後部の動力がわずか32hpの空冷2気筒発動機、すなわちモーター・グライダーだった。

　2機発注されたMXY-6は、民間の茅ヶ崎製作所が製作を担当して、18年9月に1号機を完成させた。鶴野大尉自らも搭乗しての飛行実験は、翌19年1月から始まり、通常形態機と何ら変わらない操縦特性であることを確認、震電の試作にゴー・サインが下された。

### 諸元/性能
全幅:11.14m、全長:9.66m、全高:4.21m、全備重量:640kg、発動機:日本内燃機『せみ』一一型空冷水平対向2気筒(32hp)×1、乗員:1名

# 第三章 激闘 太平洋戦争期

## 九州 十八試局地戦闘機『震電』[J7W]（昭和20年）

試製震電 [J7W1] 試作1号機

戦前、イタリアやアメリカなどでは、将来、プロペラ戦闘機の速度向上に限界がくることを予測し、空気抵抗を減少させるひとつの手段として、通常形態を前・後逆にした、いわゆる『エンテ型』（日本海軍では前翼型と呼称した）の戦闘機が試作されていた。

日本海軍にも、この形態に着目した技術者がいた。空技廠の鶴野正敬技術大尉がその人である。彼は、我が国におけるパイロット・エンジニアの草分けの1人であり、エンテ型の戦闘機なら、従来機を大きく凌ぐ高速性能が実現できると確信していた。

昭和18年に入り、上司にエンテ型戦闘機を提唱したところ、研究の許可がおり、前記したように、まず、同形の実験用モーター・グライダーMXY-6を製作。本機によるテストを経て、19年5月に、十八試局地戦闘機『試製震電』[J7W1] の名称により、正式に試作発注が出された。

前例のない未知の形態、しかも太平洋戦争の戦況が一段と厳しくなっていたさなか、日本海軍らしからぬ？英断だったが、もはや零戦は確実に老い、他の試作機も、傑出した性能を望めそうになかったのが現状で、鶴野大尉が唱える最大速度400kt（740km/h）以上も可能という、震電の"魅力"に飛びつくのも、けだし当然といえた。

空技廠は多忙なうえ、試作能力も乏しかったため、震電の"本設計"は、九州飛行機（株）が請け負うことになり、鶴野大尉らも同社に"出向"する形で、これを補佐することにした。

最も肝心な発動機は、『誉』を避けて、当時三菱が実用化を進めていた『A-20』（MX9D）〜のちの『ハ四三』四二型（2,130hp）〜を選定、延長軸を介して、胴体後端のVDM6翅プロペラを駆動するようにした。

形態の革新もさることながら、震電の機体構造には多くの新技法が導入され、とりわけ、従来の骨組み構造と違い、外皮に厚鈑を用いて、裏側にプレス加工の板格子を電気熔接で止めるという手法は、日本軍用機として初めての試みだった。

胴体内部は、前部が30mm機銃4挺、中央が操縦室、後部が発動機という具合に、隙間なく埋めら

# 九州 十八試局地戦闘機『震電』［J7W］（昭和20年）

れ、零戦などのように、後部胴体は浮袋のスペース、といったような空間はまったくなかった。

　発動機の固定法も、通常形態機のように胴体から取付架を伸ばすのではなく、左右一体造りの主翼の3本の桁に"V"字状の取付架で固定した。こうすることにより、延長軸のたわみや振動も抑えられる、優れた着想だった。

　プロペラが後方にあるので、降着装置は必然的に前車輪式となり、その長さも1.8m余、重量に至っては260kgにも達し、重量面ではかなりのマイナスになったが、これは革新形態の代償ともいうべきもので仕方なかった。

　震電の試作は、戦況が悪化したことをうけて"一刻も早い実用化を！"という海軍の切なる願いを背景に、昼夜兼行に近い突貫作業で進められ、発注から13ヶ月後の昭和20年6月に1号機の完成をみた。

　そして8月6日、待望の初飛行にこぎつけたが、6日、8日と計45分間の"慣らし飛行"を行なっただけで、15日の終戦を迎え、その革新形態の真価を示すことができないまま終わってしまった。

　客観的にみて、震電が実用化するには、まだ多くの問題があったと思われるが、ともかく、日本でも世界に誇れる、このような革新機を造り出せる技術があったということを知らしめただけでも、きわめて大きな存在価値があったといえる。

**諸元／性能** ※性能は計画値を示す
全幅：11.11m、全長：9.66m、全高：4.43m、全備重量：4,928kg、発動機：三菱『ハ四三』四二型空冷星型複列18気筒（2,130hp）×1、最大速度：746km/h、航続時間：2.5hr、武装：7.92mm機銃×2（訓練用）、30mm機銃×4、爆弾：240kg、乗員：1名

試製震電［J7W1］試作1号機

第三章 激闘 太平洋戦争期

# 中島 十八試陸上攻撃機『連山』[G8N]（昭和19年）

試製連山[G8N1] 試作4号機

　最初の四発陸攻『深山』が、未経験故に失敗に帰したあと、海軍は昭和18年はじめ、再び中島に対し十八試陸上攻撃機の名称により、四発陸攻の試作を指示した。

　すでに、太平洋戦争開戦から1年を経て、戦況は予断を許さぬ厳しい状況になりつつあり、海軍は十八試陸攻に対し、敵戦闘機の追跡をかわして、遠方の敵航空基地を叩くという構想のもと、360kt（600km/h）以上の速度、爆弾4トンを搭載して6,000浬（11,000km）の航続力を満たすという、非常に過酷な要求を課した。

　中島は、深山で貴重な経験を積んだ松村健一技師を主務者に配し、第二機体課のメンバーを中心に設計に着手。この種の四発大型機にしては異例の早さで、19年9月末に1号機の完成にこぎつけた。

　新たに、『試製連山』の名称を付与された試作機は、排気タービン過給器併用の自社製『誉』二四型ル発動機（2,000hp）を搭載した、全幅32.5m、全長23m、全備重量26.8トンの堂々たる四発大型機で、外観も深山とは比較にならないほど引き締まり、かつ洗練されたスタイルだった。

　胴体は真円断面のセミ・モノコック（半張殻）構造で、これにアスペクト比9.4の直線テーパー形主翼を、中翼配置に取り付けていた。特徴的なのは、胴体、主翼ともに、『彩雲』で初めて試みた厚板外鈑構造を採っていた点で、これによって本機のリベット数は約40万本に抑えられ、主翼面積が1/5しかない零戦の約23万本、同じく1/2の銀河の約38万本と比較すれば、格段に工数を減少し、生産能率向上に貢献していたことがわかる。

　排気タービン過給器は、発動機ナセルの外側下方に設置、カウリング前面を細く絞り込んで空気抵抗を減少させようとした。が、テストの結果、流入空気量が不足することがわかり、2号機以降は前面開口部の下に、別途過給器空気取入口を設けることになった。

　1号機は、社内試験ののち、昭和20年1月海軍に領収され性能審査をうける段階になったが、『誉』発動機、排気タービン過給ともに不調で、満足な飛行テストが実施できなかった。

　海軍は、1号機の領収と前後して、連山の生産計画を中島に指示、試作機6機、増加試作機10機につづいて、20年9月までに生産機32機を完成することとしたが、すでにB-29による中島工場への空襲も始まっていて思うように進まず、6月になって、ようやく試作4号機が完成する状況だった。

# 中島 十八試陸上攻撃機『連山』[G8N] (昭和19年)

試製連山[G8N1] 試作4号機

この頃、沖縄もすでに失陥寸前で、米軍の次の上陸目標が本土のどこかになるのは必至という情況下、もはや連山の存在意義そのものが薄れ、海軍はついに計画中止を命じた。

完成した4機のうち、3号機は中島工場にて米海軍艦載機の空襲により炎上・大破、海軍に領収され、青森県の三沢基地に疎開していた1、2号機も、20年7月の艦載機による空襲で被爆・損傷、終戦時に無傷だったのは4号機のみである。

連山は、確かに、中島技術陣が持てる能力の全てを注ぎ込んだ力作で、日本海軍の大型機設計技術を象徴するような機体ではあったが、やはり、心臓たるべき高出力発動機、排気タービン過給器に信頼性が乏しく、実用化は難しかったというのが結論だろう。

さらに加えれば、連山は高々度飛行を前提にしていながら、与圧キャビン装備がなく、射撃兵装、照準器などの諸艤装面においても、米陸軍のB-29には遠く及ばず、彼我の国力、技術力の格差を改めて思い知らしめた機体でもあった。

### 諸元/性能

全幅：32.54m、全長：22.93m、全高：7.20m、全備重量：26,800kg、発動機：中島『誉』二四型ル空冷星型複列18気筒（2,000hp）×4、最大速度：592km/h、航続距離：6,482km、武装：13mm機銃×4、20mm機銃×6、爆弾：4,000kg、乗員：7名

試製連山[G8N1] 試作4号機（アメリカ搬送後のテスト時）

# 川西 十八試甲戦闘機『陣風』[J6K]

『震電』、『天雷』とともに、B-29を意識して、昭和18年度に試作指示された戦闘機が本機。『誉』発動機を搭載し、20mm機銃6挺という、単発戦闘機としては破格の重武装を備えた姿は、同じ設計陣の手になる『紫電』、『紫電改』とは比較にならぬ、空気力学的洗練のきいた、強力な戦闘機を予感させた。

しかし試作中に戦況が悪化したことをうけ、19年7月、第一回木型審査を終了した直後に、試作/計画機整理の対象となり、開発中止が通告され、未完のまま終わった。

試製陣風[J6K1]完成予想図

**諸元/性能** ※データは全て計画値
全幅：12.50m、全長：10.11m、全高：3.94m、全備重量：4,373kg、発動機：中島『誉』改二〇一空冷星型複列18気筒(2,200hp)×1、最大速度：685km/h、航続時間：5.0hr、武装：20mm機銃×6、爆弾：500kg、乗員：1名

# 三菱 陸上哨戒機『大洋』[Q2M]

最初の対潜哨戒機『東海』の配備を急ぐいっぽう、海軍は夜間の対潜哨戒も必須と考え、昭和20年1月、三菱に対して『試製大洋』の名称により試作指示した。本機は、『火星』発動機を搭載する、東海よりもさらにふたまわりも大型の本格的対潜哨戒機で、しかも、当時の情況を反映して、機体構造の大半を木製とした点が特筆された。

電探、磁探に加え、海軍機としては前例のない逆探（敵のレーダー電波を捉えて、その位置を探知する）も搭載予定にするなど、最新の電子機器を完備することにしていたが、3回目の木型審査が済ん

試製大洋[Q2M1]飛行予想図

だところで終戦となり、陽の目を見なかった。

**諸元/性能** ※データは全て計画値
全幅：25.00m、全長：18.75m、全高：4.75m、全備重量：13,600kg、発動機：三菱『火星』二五乙型空冷星型複列14気筒(1,850hp)×2、最大速度：490km/h、航続距離：3,704km、武装：13mm機銃×3、爆弾：1,000kg、乗員：6名

# 空技廠 十八試陸上偵察機『景雲』[R2Y]（昭和20年）

試製景雲[R2Y1] 試作1号機

　陸軍の司令部偵察機のような、陸上基地から運用する長距離偵察機をもっていなかった海軍は、太平洋戦争が始まると、十三試双戦改造の二式陸偵、陸軍から借用した一〇〇式司偵を使い、とりあえず急場をしのいでいた。だが昭和18年になり、敵戦闘機の追跡も振り切れる速度をもつ、高々度強行偵察用の高速陸上偵察機の開発を決定、空技廠にその試作を命じた。

　要求性能が例によってきわめて高く、既存の発動機を常識的に搭載したのでは、単発にしろ、双発にしろ埒があかないと考えた空技廠は、当時、ドイツにおいて何例か試みられていた、"双子式エンジン"（同じ発動機を前後、または並列に結合する方式）を採ることにした。

　双子式ともなれば、当然、空冷では不可能なので、信頼性がいまひとつと承知しながら、液冷『熱田』三〇型（1,700hp）を選択、これを2基並列につなぎ、あわせて3,400hpのパワーを確保することにした。

　『ハ七〇』と呼称された双子発動機は、胴体中央部に固定し、4m近い延長軸を介して機首先端の6翅プロペラを駆動するという、日本機離れした破天荒な設計になった。降着装置は、当然前車輪式だった。

　しかし、このように前代未聞の形態が、果たして実用化に適しているのか、海軍部内にも疑問視する意見が少なくなく、戦況の悪化もあって、19年6月にいったん開発中止が決定された。ところが、将来はジェットエンジンへの換装も含めて、攻撃、爆撃機としての可能性も探ってみるべきとの方針が示され、試作1号機は実験機として製作することになった。

　そして、昭和20年4月にようやく完成したのだが、双子式発動機は故障を頻発して満足な飛行もできず、そのまま終戦を迎えた。結果的に、景雲は戦時下の貴重な労力、資材を労費しただけだった。

**諸元/性能** ※性能は計画値を示す
全幅：14.00m、全長：13.05m、全高：4.24m、全備重量：8,100kg、発動機：愛知『ハ七〇』〇一型液冷倒立V型双子式24気筒（3,400hp）×1、最大速度：783km/h、航続距離：1,269km、武装：―、爆弾：―、乗員：2名

第三章 激闘 太平洋戦争期

## 愛知 十八試丙戦闘機『電光』[S1A]

試製電光 [S1A1] 実物大木型模型

　"斜め銃"という、思いもよらぬ"新兵器"のおかげで、偶然に誕生した夜間戦闘機『月光』だったが、むろん、海軍は本機で満足していたわけではなかった。すなわちその制式兵器採用直前の18年6月、最初の新規開発夜戦を、十八試丙戦闘機『試製電光』[S1A1] の名称で、愛知に試作発注したのである。"丙"とは、新たに規定された戦闘機の区別符号で、夜戦を示した。ちなみに"甲"は艦戦、"乙"は局戦だった。

　愛知は、技術陣の総力をあげて本機の設計に取り組み、19年6月に設計完了、8月には木型(モックアップ)審査をパスして、試作機2機の組み立てに入った。

　電光は『誉』二二型発動機(2,000hp)の双発、全幅17.5m、全長14.2m、全備重量10トンに及ぶ大型戦闘機で、外観は陸爆『銀河』によく似ていた。

　胴体は、空気抵抗を抑えるために極力細くし、内部装備品の配置の便を図り、断面形を角の丸い四角形とし、生産能率向上のために、5分割構成にするなど工夫をこらした。

　主翼にも夜戦としての配慮が施され、着陸時の視界確保のために内翼を水平にしたこと、大重量による高翼面荷重を抑えるための親子式フラップ、フラップ兼用の補助翼、エア・ブレーキの採用などがそれを示している。

　武装も強力で、機首内部に20mm機銃2挺、30mm機銃2挺を装備したほか、胴体後部上面に、遠隔操作の20mm連装旋回銃塔を備えたことが、日本の戦闘機として前例のないことだった。

　海軍は、強力、かつ高性能な夜戦になるであろう電光に大きな期待をかけていたが、昭和20年6月8日、完成直前の1号機がB-29の空襲により被爆・焼失、2号機も8月に同様に被爆・焼失してしまい、ついに陽の目を見ないまま終わった。

**諸元/性能** ※性能は計画値を示す
全幅:17.50m、全長:15.10m、全高:4.61m、全備重量:10,180kg、発動機:中島『誉』二二型空冷星型複列18気筒(2,000hp)×2、最大速度:555km/h、航続距離:2,542km、武装:20mm機銃×4、30mm機銃×2、爆弾:250kg、乗員:2名

# 空技廠 訓練用爆撃機『明星』[D3Y]（昭和20年）

明星 試作1号機の完成式典

　昭和18年後半、南方の占領地から内地に戦略物資を運ぶ輸送船が、米海軍潜水艦によって次々に撃沈され、アルミニウム合金の原料であるボーキサイト、錫などが不足し、航空機生産にも支障をきたす恐れが出てきた。

　そこで海軍は、主要機種の部分木製化、および非実戦機の木製化を促進することを計画、その一環として、木製機製作のノウハウを得るために、第一線機としては旧式化しつつあった、九九式艦爆の全木製化を試みることになり、空技廠に設計を命じた。

　発動機は、九九式艦爆二二型と同じ三菱『金星』五四型で、外観も一応は同機に準じたものとしたが、ジュラルミンと木材では強度、加工面などに大きな違いがあり、まったく新規に設計し直さなければならなかった。

　主、尾翼の平面形状は、楕円テーパーから直線テーパーに変わり、胴体も後部が1mほど延長されたため、別機のようなシルエットになった。

　試作は意外に長期を要し、1号機の完成は昭和20年1月と遅れた。なお、部品は空技廠が製作したが、組み立ては民間の松下飛行機が担当した。

　テストしてみると、重量が九九式艦爆二二型に比較して400kgも増加したせいで、速度はさほど変わらないが、上昇力が大きく低下したことが指摘された。

　海軍は、本機を仮称九九式練習用爆撃機二二型[D3Y1-K]と命名（のちに『明星』の固有名称を付与）し、終戦までに7機完成させたが、時期的に練習機として使うまでには至らず、結果的に、木製化の努力は徒労に帰してしまった。

**諸元/性能**
全幅：13.91m、全長：11.51m、全高：3.30m、全備重量：4,200kg、発動機：三菱『金星』五四型空冷星型複列14気筒（1,300hp）×1、最大速度：426km/h、航続距離：1,708km、武装：7.7mm機銃×3、爆弾：370kg、乗員：2名

# 空技廠 特別攻撃機『桜花』[MXY7]（昭和19年）

仮称 桜花一一型 [MXY7]

マリアナ沖海戦に大敗し、もはや通常攻撃法をもってしては、強大な米海軍戦力に抗すべくのないことを悟った日本海軍が、一特務少尉の提唱した、史上前例のない体当り自爆攻撃機案を採用、その専用機として造ったのが『桜花』である。今日の感覚では到底理解し難い本機の存在を、故意に無視する風潮もみられるが、日本海軍航空機を解説する以上、避けては通れぬ対象である。

桜花の構想が具体化したのは、実用機による神風特攻が始まる2ヶ月前の昭和19年8月、第四〇五航空隊の某少尉が司令官を通して自らの発案を空技廠に提唱し、海軍上層部がこれを採用、空技廠に設計を命じたときである。当初、本機は発案者の苗字をとって"㊀"（マルダイ）兵器という秘匿名称で呼ばれていた。

㊀兵器は、母機一式陸攻の爆弾倉部に懸吊されて発進、目標の手前数十kmに達した地点で投下され、火薬ロケットを噴射しつつ、高速（700〜800km/h）で目標（艦船）に突入するという運用法を採ることにしていた。

海軍が空技廠に要求した主な項目は、①重量の80％を弾頭に充てる、②弾頭は徹甲弾とし、100％信頼度ある信管を付ける、③敵戦闘機の追跡を許さぬよう、極力高速であること、④命中率を高めるため、操縦、安定性が良好なこと、⑤母機の懸吊スペースの都合上、機体は極力小型であること、⑥戦略物資の使用量は低くおさえ、木材、鋼などの入手容易な材料で造れること、などだった。

空技廠は、1ヶ月以内の短期間で設計をまとめ、9月上旬には1号機を完成させた。機体は、全幅5m、全長6mの超小型サイズ、胴体は全金属製で、弾頭部、中央部、後部の3分割組み立て、断面は製造容易にするため、前・後を通して真円とした。

主・尾翼は全木製とされ、母機への懸吊と、操縦性の見地から双垂直尾翼形態にした。当初は、動力に『秋水』と同じ薬液ロケットエンジンを予定していたが、実用化が先のことになるため、四式一号噴進器と称した火薬ロケット・ブースター3本を装備することになった。

弾頭重量は1,200kgもあり、機体全備重量2,270kgの半分強を占める、非常に強力なものだった。

昭和19年10月、最初の装備部隊となる第七二一航空隊が編成され、無動力の滑空練習機を使っての訓練を開始した。この間、空技廠により実用試験をうけていた㊀兵器は、特別攻撃機、仮称『桜花』[MXY7]の固有名称を付与されて、準制式機扱い

空技廠 特別攻撃機『桜花』[MXY7]（昭和19年）

桜花一一型の弾頭部

桜花一一型 尾部の推進用火薬ロケット

となり、空技廠の他に民間各社、地方の木工場まで動員しての量産準備がすすめられた。

そして昭和20年3月21日、九州南東海上に接近してきた米海軍機動部隊に対し、七二一空の15機の桜花が初出撃したのだが、途中で待ち伏せていたグラマンF6F艦戦に捕捉され、母機もろとも全機が撃墜されてしまう無残な結果に終わった。計画当初に危惧されていたことが現実になったのだ。桜花を懸吊して鈍重になった一式陸攻では、米海軍戦闘機の防衛ラインを突破できず、発進地点に到達するのが困難であることは、一部の識者から警告されていたのである。

その後、桜花は少数機ずつ薄暮、黎明時を利しての散発的攻撃を続けたが、戦果は微々たるものに終わり、兵器としては失敗作となった。

それでも、海軍は桜花を放棄せず、動力を"エンジン・ジェット"に換装した二二型、弾頭を600kgに軽減した二一型、ターボジェット・エンジンを搭載する三三型、射出機から発進可能にした四三型などを次々に計画、あるいは試作したが、いずれも実用化することなく終わっている。生産数は、一一型を中心に訓練用無動力滑空機とあわせ、約850機。

**諸元/性能** ※一一型[MXY7]を示す
全幅：5.12m、全長：6.06m、全高：1.16m、全備重量：2,270kg、発動機：四式一号噴進器二〇型火薬ロケット（推力800kg）×3、最大速度：648km/h、航続距離：37km、弾頭重量：1,200kg、乗員：1名

仮称 桜花二二型[MXY7]

第三章 激闘 太平洋戦争期

## 中島 特殊攻撃機『橘花』(昭和20年)

2回目の試験飛行直前の試製橘花 試作1号機

　昭和19年夏、もはや自国の技術力だけでは革新的高性能軍用機を生み出すのが困難と悟った海軍は、ドイツからもたらされたロケット戦闘機Me163の資料をもとに、陸軍と協同してこれを国産化、B-29迎撃用の切り札にしようと決定。また、同時にもたらされたジェット戦闘機Me262、Jumo004およびBMW003ターボジェット・エンジンの資料をもとに、ジェット機の開発にも着手することにした。

　このジェット機は、当初仮称『皇国二号兵器』と呼ばれ、エンジンは空技廠が独自に研究、開発していたものを搭載し、その名称が示すとおり、戦闘機ではなく艦船攻撃用の爆撃(攻撃)機にする予定だった。というのも、TR10と称したエンジンは、推力わずか300kg程度のパワーしかなく、Me262の搭載するユモJumo004(推力900kg)に比較して1/3しかないのでは、とても戦闘機に相応しい性能は実現できなかったので、それも当然だった。

　昭和19年12月、『皇国二号兵器』は『試製橘花』の名称により制式に試作発注され、エンジンは空技廠、機体は中島が試作担当することにした。要求仕様はいたって簡素で、"近距離ニ接近シ来タル敵艦船ヲ攻撃スルニ適シ、且多量生産ニ適スル陸上攻撃機ヲ得ルニ有リ"と記されているだけだった。

　昭和20年1月、空技廠開発のエンジンは、結局、実用化の望みがないとわかり、急遽、ドイツのBMW003を範とする『ネ二〇』に方針転換するなど、現場は混乱をきわめた。

　それでも、技術者たちの昼夜兼行に近い作業により、2ヶ月後の3月末、ネ二〇 1号基の試運転にこぎつけると、いくつかの問題点もなんとか克服し、6月には40時間連続運転の耐久性を示すまでになった。

　いっぽう機体担当の中島は、Me262を参考にしつつ、エンジン推力、および日本の技術力に見合った簡素な設計に直し、ひとまわり小型、軽量の双発ジェット機にまとめ、20年6月下旬、空襲を避けた群馬県下の養蚕小屋内で1号機を完成させた。

　機体は当時の厳しい現状を反映し、アルミ合金の使用を抑えるため、鋼材や木材を多く使用しており、胴体外鈑は部分的にブリキ鈑、操縦室計器板もベニヤ板といった具合で、先進的なジェット機には、ちょっとそぐわない内容だったが、これは仕方なかった。

　完成した1号機は、いったん分解されて中島の"本工場"小泉製作所に運ばれ、ここで『ネ二〇』エンジンを搭載した。

　そして、整備の行き届いた長い滑走路をもつ飛

● 中島　特殊攻撃機『橘花』（昭和20年）

行場という見地から、千葉県の木更津基地が初飛行の地に選ばれ、1号機は再び分解されて同基地に搬送され、7月中に3回の地上滑走試験を行なった。そして8月7日、横須賀航空隊飛行実験部所属のテスト・パイロット、高岡 迪 少佐の操縦により、11分間の初飛行に成功する。日本の空を、初めてジェット機が飛行した記念日でもあった。

次いで11日、第2回目の試験飛行を実施することになり、燃料を満載し、離陸補助用の四式噴進器一〇型2本を取り付けた1号機は、再び高岡少佐の操縦で木更津基地を離陸しようとした。

しかし、四式噴進器一〇型を作動させた状態が初体験の高岡少佐は、機首が異常に上向きになったことに動揺して平常心を失い、同噴進器が9秒間の燃焼時間を終了したことで、こんどは機首が急に下がったとき、エンジンが故障したと錯覚してしまった。

ただちに離陸を断念し、エンジンのスイッチを切ったが、高速で滑走する1号機は、零戦の主脚を流用したブレーキでは制動できず、そのまま滑走路を飛び出し、海岸に擱座して大破した。

その4日後、日本は連合国に対し無条件降伏して太平洋戦争は終結、同時に、狂気のような突貫作業で誕生した日本最初のジェット機『橘花』の夢も、たった1回飛行しただけで潰えてしまった。

**諸元／性能** ※性能は計画値を示す
全幅：10.00m、全長：9.25m、全高：3.05m、全備重量：3,550kg、発動機：空技廠『ネ二〇』軸流式ターボジェット（推力475kg）×2、最大速度：679km/h、航続距離：888km、武装：―、爆弾：500kg、乗員：1名

試製橘花 試作1号機

第三章 激闘 太平洋戦争期

## 三菱 局地戦闘機『秋水』[J8M/キ200]（昭和20年）

試製秋水[J8M1]試作3号機

当時の日本航空技術では到底実現不可能な、B-29の高性能に驚愕した海軍は、連絡潜水艦によってドイツからもたらされた、Me163ロケット戦闘機の資料に飛びつき、陸軍と協同して同機を国産化、迎撃戦闘機の切り札にしようと計画した。

昭和19年8月7日、空技廠の主導により国産化が正式決定され、陸軍は動力、海軍は機体を担当することにしたが、主契約メーカーはいずれも三菱であり、実質的には同社の単独試作という形になった。

Me163は、外形こそ無尾翼の特殊形態だったが、機体構造そのものは、胴体が全金属製モノコック式、主翼と尾翼は木製という一般的なもので、三菱の設計課は、3ヶ月後の11月には作図完了し、12月には1号機の完成にこぎつけた。

しかし、動力、すなわち薬液ロケットエンジンのほうは簡単にいかず、形だけは原型のＨＷＫ-109/509Aと同じものに仕上げたが、始動させてみると各部に故障を発生して、容易に安定した連続運転ができなかった。

それでも、三菱発動機研究所の持田勇吉技師以下10数名のスタッフの必死の努力により、20年6月末になってようやく連続運転可能状態にこぎつけ、

7月3日には陸軍向けの2号機、翌日には海軍向けの1号機にそれぞれ搭載された。

7月7日、エンジンの調子がよい海軍向け1号機を使い、横須賀の追浜基地にて初飛行が行なわれることになり、テスト・パイロットの犬塚豊彦大尉が搭乗して、離陸した。日本の空に、初めてロケット機が飛んだ記念すべき瞬間だった。

ところが、高度400mほどに上昇した機体は、突然"バーン"という乾いた音を立ててエンジンが停止、犬塚大尉は貴重な試作機を失うまいと、滑空で飛行場に戻ろうと試みたものの、予想以上に沈下率が大きく、滑走路手前の倉庫の屋根に主翼が接触して墜落、機体は大破して犬塚大尉も重傷を負った。

原因は、初飛行ということでタンク内には燃料を1/3程度しか注入しておらず、プロペラ機と比較にならぬ急角度で上昇に移った際、燃料がタンク内の後方に移動し、吸い上げパイプが露出、燃料供給が停止してしまったためだった。

ただちに、タンク内の改修が命じられ、海軍は2号機を使って8月2日に、陸軍もひきつづき10日に初飛行を行なうことにしたが、エンジンの爆発事故があったりして準備が遅れ、結局、15日の終戦を迎え

日飛製の試製秋水［J8M1］生産1号機

## 三菱 局地戦闘機『秋水』［J8M］（昭和20年）

てしまった。橘花と同様、秋水もまた、狂気のような開発作業は、全て徒労に帰したのである。

Me163という原型があったにせよ、とにもかくにも1年という短期間で、まったく未知のロケット機を、飛行させる段階までもっていった、陸軍、海軍、三菱の関係者の努力は称賛すべきものだが、Me163の実績をみるまでもなく、たとえ秋水が戦争に間に合ったとしても、B-29迎撃機として、どれだけ有効な働きができたかは甚だ疑問と言わざるを得ない。

プロペラ機では到底実現不可能な超高速（約900km/h）はともかくとして、わずか数分間にすぎない航続時間は、運用上の大きなネックで、B-29の進入路によほど上手く上昇しなければ、会敵のチャンスが無かった。

さらに、地上で自力移動できない故の、リカバリー体制、製造、保管の難しい薬液燃料をどうするかなど、未解決の問題も山積していたのである。

海軍は、三菱の他、日飛、富士、日産などの各社工場を動員して、20年8月末までに306機、21年3月末までに3,600機という膨大な数の秋水を生産しようと計画していたが、終戦時点で完成していたのは三菱4機、日飛1機の計5機にすぎない。他に、訓練用の軽滑空機『秋草』が4機、秋水の動力を撤去した重滑空機2機がつくられた。

### 諸元/性能

全幅：9.50m、全長：6.05m、全高：2.70m、全備重量：3,870kg、発動機：三菱『特呂二号』薬液ロケット（推力1,500kg）×1、最大速度：888km/h、航続時間：3分31秒、武装：30mm機銃×2、爆弾：―、乗員：1名

秋水の滑空練習機「秋草」第4号機

第三章 激闘 太平洋戦争期

## 中島 超遠距離爆撃機『富嶽』

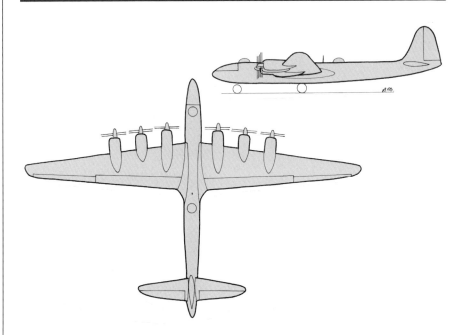

　昭和17年秋、太平洋戦争の行き先を憂えた中島飛行機（株）の社主、中島知久平氏が提唱した"Z飛行機計画"に基づき、陸、海軍協同開発プロジェクトとして、18年9月に研究スタートしたのが本機。

　全幅72m、全長44m、重量125トン、出力5,000hpの『ハ五四』発動機六発を持つ、のちの米空軍の超重爆撃機B-36をも凌ぐスケールの巨大爆撃機だった。太平洋を無着陸で横断し米国本土を爆撃するという、ほとんど夢想とも思える計画で、当時の日本の国力、技術力では到底実現し得ず、19年8月に敢えなく計画中止となった。

**諸元/性能**
不詳

## 川西　特殊攻撃機『梅花』

　日本の敗戦が目前に迫った昭和20年7月、海軍がドイツの飛行爆弾Fi103（V1号）に範をとって計画した、パルスジェット・エンジン装備の体当たり自爆攻撃機。動力関係は東京帝国大学航空研究所が、機体は川西が設計担当することになっていたが、具体的な作業に着手する前に終戦となり、実現することなく終わった。

**諸元/性能**
不詳

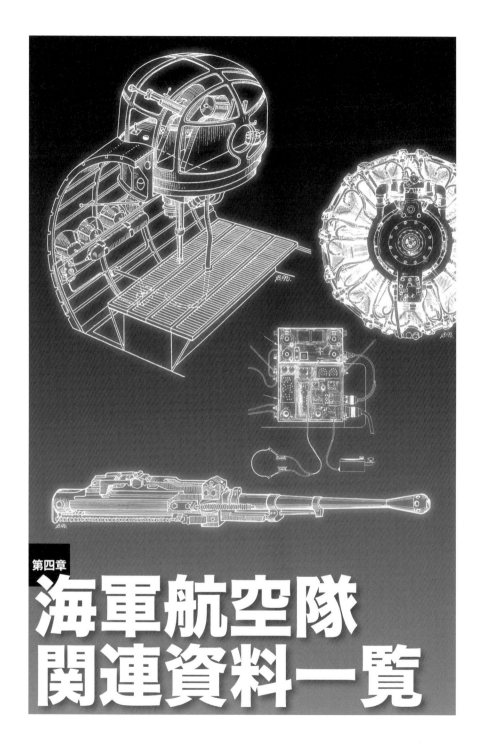

第四章 海軍航空隊関連資料一覧

# 第四章 海軍航空隊関連資料一覧

# 日本海軍機の命名基準

　大正9年まで、海軍の保有する航空機は、欧米各国からの輸入機が多く、それぞれのオリジナル名称をそのまま付しており、横須賀工廠などで国産した機体については、大型、小型、もしくは主翼折りたたみ可などを区別基準にして、イ号、ハ号、ホ号水上機という呼称を用いていた。

　大正10年、三菱が艦上機トリオを国産したのを契機に、元号と機種名を組み合わせた命名法規定され、一〇式艦上戦闘機、一三式艦上攻撃機、一四式水上偵察機などが登場した。

　昭和4年には、元号にかわって皇紀年号(日本独自の年号で、神武天皇の即位時を元年とした)の下2桁を使用し、この年が2589年にあたることから八九式…と命名されるようになった。同一機が発動機換装を含む大規模改修を行なった場合には、遡って最初の生産型を一号型、2番目を二号型、さらに改良型が出れば三号型という具合に追加した。例えば、八九式二号艦上戦闘機という具合に。

　この規定は、昭和17年度まで継続したが、昭和15年度が皇紀2600年になった際に、零零式では煩雑になるため、下1桁のみの零式を用い、翌年も零一式ではなく、一式…とした。

　昭和18年、海軍は命名基準を改正して、各機には固有名称を付与することにした。機種ごとに類別が定められ、戦闘機は気象、爆撃機は星、または星座、攻撃機は山嶽、偵察機は雲、哨戒機は海洋、輸送機は空、練習機は草木、もしくは風景に因んだ名称を用いた。雷電、彗星、銀河、連山、彩雲、東海、晴空、紅葉など、いかにも日本的な名称は、この規定に沿って生まれたものである。この固有名称は、試作発注時点で命名され、制式採用になるまで、名称の前に"試製"、または"仮称"を付した。

表記する場合は、先に機種名、次に固有名称の順になる。

　なお、この改正にともない、従来の一号、二号、といった型式名は、一一、二三、三四型などの漢数字に変更されている。この漢数字は、それぞれに意味があり、10の位は機体改造度合、1の位は発動機の換装度合を示しており、例えば、五二型なら"ゴジュウニ"ではなく、"ゴォニ"と読むのが正しい。

◆　◆

　以上に述べた固有名称とは別に、海軍は昭和10年頃、その採否に関係なく、発注した試作機の全てに『略符号』と称した記号を付すことにし、機種によっては、大正10年試作の機体にまで遡って付与対象とした。

　基本の組み合わせは、アルファベット/アラビア数字/アルファベット/アラビア数字の4文字から成る。1文字目は機種を、2文字目はその機種で何番目の試作かを、3文字目は試作会社の頭文字、4文字目は改造度(試作だけで終われば当然1のみ、採用されて新しい生産型が生まれるたびに2、3、4と続く)。機種と試作会社を示すアルファベットの割り当ては別表のとおり。

　零戦三二型のA6M3を例に説明すれば、艦上戦闘機として6番目の試作機、試作会社は三菱、そして最初の試作機～つまり十二試艦上戦闘機のA6M1～から数えて、3度目の改造型であることがわかる。

　なお、制式名称の型式に追加される、主に武装の違いを区別する甲、乙、丙、丁の記号に相当するものは、小文字のアルファベットを"a"から順に、4文字目のアラビア数字のあとに付した(例：零戦五二型はA6M5bとなる)。

# 日本海軍機の命名基準

皇紀年号に基づく制式名称"二式"を冠する最後の機体の一つ、二式陸上中間練習機。年度が変わった後の、昭和18年6月に制式採用された

[機種別記号]

| | |
|---|---|
| A | 艦上戦闘機 |
| B | 艦上攻撃機 |
| C | 艦上偵察機/陸上偵察機 |
| D | 艦上爆撃機 |
| E | 水上偵察機 |
| F | 観測機 |
| G | 陸上攻撃機 |
| H | 飛行艇 |
| J | 陸上(局地)戦闘機 |
| K | 練習機 |
| L | 輸送機 |
| M | 特殊機 |
| N | 水上戦闘機 |
| P | 陸上爆撃機 |
| Q | 哨戒機 |
| R | 陸上偵察機 |
| S | 夜間戦闘機 |
| MX | 特殊機 |

[試作会社記号]

| | |
|---|---|
| A | 愛知 |
| G | 日立(もと瓦斯電) |
| H | 広工廠(のち十一空廠) |
| I | 石川島 |
| J | 日本小型飛行機 |
| K | 川西 |
| M | 三菱 |
| N | 中島 |
| P | 日本飛行機 |
| S | 佐世保工廠(のち二十一空廠) |
| Si | 昭和 |
| W | 渡辺 |
| Y | 横須賀工廠(のち空技廠) |
| Z | 美津濃 |

昭和18年度から導入された、類別ごとの固有名称制度に基づいた最初の機体のひとつ、艦上攻撃機『天山』。昭和18年8月の採用

# 日本海軍の輸入機

　日本における航空機の発達は、軍用、民間を問わず、まずは先進国であるヨーロッパ諸国、アメリカからの輸入機で全てのことを学び、次いでそれらを国産化し、徐々に設計、および製作技術を修得するという手順で始まった。

　明治45年（1912年）、最初の装備機として、フランスからモーリス・ファルマン水上機、アメリカからカーチス水上機を購入して、軍用航空のスタートをきった海軍は、艦船の建造を通じても結びつきが強かった、イギリス製の機体を中心に積極的に購入をつづけた。

　とくに、大正10年（1921年）に航空教育団を招聘して、海軍航空全般にわたって指導を仰いだ頃には、イギリス製機が装備の大半を占める状況だった。

　艦上機の自前調達という面において、実質的に最初の例となった、大正10年度試作の一〇式艦上機トリオが、すべてイギリスのソッピース社技師、ハーバート・スミスの設計によるものだったことは、それを象徴的に示している。

　昭和時代に入ると、海軍機メーカーがそれぞれの立場で、欧、米先進国メーカーと技術提携し、相手方の新型機を積極的に購入して、自社設計機の参考にするという形が一般化した。よく知られているのは、愛知とドイツのハインケル社、中島とアメリカのボーイング、およびボート社との関係である。

　昭和7年度の七試計画機以後、海軍機はほとんどの機種が自前調達となったが、技術的に未熟な分野は多々あり、海軍は欧米各国で注目される新型機は、可能な限り研究用に購入し、各メーカーに開示した。

　しかし、日中戦争が勃発したのを契機に、日本の

テリエ飛行艇

## 日本海軍の主要輸入機一覧

| 機体名称 | 製造国名 | 輸入年 | 機数 | 備考 |
|---|---|---|---|---|
| モーリス・ファルマン1912年型水上機 | フランス | 明治45年(1912年) | 3 | のちに国産化 |
| カーチス 1912年型水上機 | アメリカ | 明治45年(1912年) | 2 | のちに国産化 |
| モーリス・ファルマン1914年型水上機 | フランス | 大正3年(1914年) | 1 | のちに国産化 |
| ドゥペルデュッサン水上機 | フランス | 大正3年(1914年) | 1 | のちに1機を国産 |
| ソッピース シュナイダー水上戦闘機 | イギリス | 大正4年(1915年) | 1 | のちに国産化 |
| ショート 184 水上雷・爆撃機 | イギリス | 大正5年(1916年) | 1 | のちに国産化 |
| ショート 320 水上雷・爆撃機 | イギリス | 大正6年(1917年) | 1 | |
| テリエ 飛行艇 | フランス | 大正6年(1917年) | 1 | |
| ソッピース 3 パップ戦闘機 | イギリス | 大正7年(1918年) | 不明 | のちに国産化 |
| アブロ 504練習機 | イギリス | 大正10年(1921年) | 78 | のちに国産化 |
| グロスター スパローホーク艦上戦闘機 | イギリス | 大正10年(1921年) | 50 | |
| パーナル パンサー艦上偵察機 | イギリス | 大正10年(1921年) | 1 | |
| スーパーマリン チャンネル飛行艇 | イギリス | 大正10年(1921年) | 1 | |
| RAF SE5a戦闘機 | イギリス | 大正10年(1921年) | 1 | |
| D.H.9 偵察・爆撃機 | イギリス | 大正10年(1921年) | 1 | |
| ソッピース クックー艦上雷撃機 | イギリス | 大正10年(1921年) | 6 | |
| マーチンサイド F-4 バザード戦闘機 | イギリス | 大正10年(1921年) | 1 | |
| ブラックバーン スイフト艦上雷・爆撃機 | イギリス | 大正10年(1921年) | 1 | |
| ショート F-5飛行艇 | イギリス | 大正10年(1921年) | 6 | のちに国産化 |
| ハンザブランデンブルク水上偵察機 | ドイツ | 大正11年(1922年) | 1 | 戦利品として入手。のちに国産化 |
| シュレック F.B.A.17水陸両用飛行艇 | フランス | 大正11年(1922年) | 1 | |
| ビッカース バイキング水陸両用飛行艇 | イギリス | 大正11年(1922年) | 2 | |
| スーパーマリン シール水陸両用飛行艇 | イギリス | 大正11年(1922年) | 2 | |
| ハインケルU-1潜水艦搭載用水上偵察機 | ドイツ | 大正12年(1923年) | 2 | |
| フェアリー ピンテール水陸両用偵察機 | イギリス | 大正14年(1925年) | 1 | |
| ロールバッハ R飛行艇 | ドイツ | 大正14年(1925年) | 7 | |
| スーパーマリン サザンプトン飛行艇 | イギリス | 昭和2年(1927年) | 1 | |
| ボーイング 69Bシーホーク艦上戦闘機 | アメリカ | 昭和3年(1928年) | 2 | |
| ボート O2Uコルセア艦上戦闘機 | アメリカ | 昭和4年(1929年) | 2 | |
| ボーイング 100D戦闘機 | アメリカ | 昭和5年(1930年) | 1 | |
| サボイア S62飛行艇 | イタリア | 昭和7年(1932年) | 1 | |
| ノースロップ 2Eガンマ攻・爆撃機 | アメリカ | 昭和8年(1933年) | 1 | |
| ホーカー ニムロッド艦上戦闘機 | イギリス | 昭和9年(1934年) | 1 | |
| グラマン FF-2複座戦闘機 | カナダ | 昭和10年(1935年) | 1 | 原設計はアメリカのグラマン社 |
| カーチス・ライト コートニー水陸両用飛行艇 | アメリカ | 昭和9年(1934年) | 1 | |
| フェアチャイルド A-942B水陸両用飛行艇 | アメリカ | 昭和11年(1936年) | 1 | |
| ドボアチーヌ D.510J戦闘機 | フランス | 昭和10年(1935年) | 1 | |
| ロッキード エレクトラ輸送機 | アメリカ | 昭和11年(1936年) | 1 | |
| ノースロップ 2Fガンマ攻・爆撃機 | アメリカ | 昭和12年(1937年) | 1 | |
| ノースアメリカン NA-16練習機 | アメリカ | 昭和12年(1937年) | 2 | |
| セバスキー 2PA-B3複座戦闘機 | アメリカ | 昭和12年(1937年) | 20 | |
| チャンス・ボート V-143戦闘機 | アメリカ | 昭和12年(1937年) | 1 | 陸軍もテストを行った |
| ハインケル He112B-0戦闘機 | ドイツ | 昭和13年(1938年) | 12 | |
| ポテ 25ディーゼルエンジン機 | フランス | 昭和13年(1938年) | 1 | |
| ポテ 452艦載飛行艇 | フランス | 昭和12年(1937年) | 1 | |
| ハインケル He118急降下爆撃機 | ドイツ | 昭和13年(1938年) | 1 | 愛知の購入機 |
| ダグラス DB-19急降下爆撃機 | アメリカ | 昭和13年(1938年) | 1 | |
| グラマン G.21水陸両用飛行艇 | アメリカ | 昭和14年(1939年) | 1 | |
| ダグラス DC-4旅客機 | アメリカ | 昭和14年(1939年) | 1 | |
| ユンカース Ju88A-4爆撃機 | ドイツ | 昭和15年(1940年) | 1 | |
| ハインケル He100D戦闘機 | ドイツ | 昭和16年(1941年) | 3 | |
| ハインケル He119爆撃機 | ドイツ | 昭和16年(1941年) | 2 | |

日本海軍の輸入機

# 第四章 海軍航空隊関連資料一覧

日本海軍の輸入機

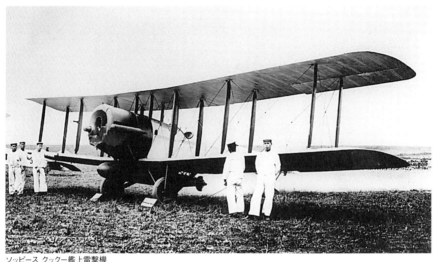

ソッピース クックー艦上雷撃機

　行動を不当な侵略行為と非難したアメリカ、イギリスは、次第に軍用機の日本への売却を制限するようになり、昭和14年のダグラスDC-4を最後に、以降の輸出を禁止した。
　そうなると、先進技術の導入先は、同盟国のドイツだけとなり、諸々の分野で、そのための弊害も起こるようになった。
　確かに、エンジンをはじめ、機体、装備品に至るまで、ドイツ製品の質は高かったのだが、それに倣って日本で同じものを造ろうとしても、基礎的な技術が確立されていないと、真に実用性の確かなものにはならず、結果として大きな代償を払うハメになった。DB601エンジンの国産化品である陸軍の『ハ四〇』を搭載した三式戦『飛燕』、海軍の『熱田』を搭載した艦爆『彗星』の顛末が、それを如実に示している。

ブラックバーン スイフト艦上雷・爆撃機

## 日本海軍の輸入機

フェアチャイルド A-942-B水陸両用飛行艇

　しかし、太平洋戦争の末期、もはや日本の技術力ではアメリカの圧倒的戦力に対抗できる航空機が生み出せないと悟った海軍は、ドイツ空軍のMe163ロケット戦闘機、Me262ジェット戦闘機の資料に最後の望みを託し、『秋水』、『橘花』の開発に奔走、1号機の完成をみたところで終戦となる。ドイツの技術力にしか頼る術がなくなった、日本軍用機開発の最終章を、象徴的に示す事例である。

　零戦や一式陸攻に代表される高性能機は、確かに製造メーカーの技術者たちの、それこそ血の滲むような精進、努力の賜物であることはもちろんなのだが、それらを生み出すずっと前から、多くの輸入機を参考にして培ってきた、様々な技術があってこその成果であることもまた、忘れてはならない事実である。

ハインケル He112B-0戦闘機

日本軍用機事典【海軍篇】 173

# 日本海軍機の製造会社

## ●三菱重工業株式会社

航空機だけではなく、艦船、陸上戦闘兵器なども含め、日本の軍需産業界の中枢に君臨した大企業。当初は発動機のライセンス生産を専らとしたが、大正9年（1920年）5月、名古屋市港区大江町に三菱内燃機製造株式会社を設立して、航空機の設計、製作にも進出した。

昭和3年（1928年）、三菱航空機株式会社、次いで同9年（1934年）6月には、造船部門と合併して三菱重工業株式会社となり、航空機関係は名古屋航空機製作所と称した。

太平洋戦争中は、需要の急拡大にともない、岡山県の水島、熊本県熊本市にも工場を建設し、一式陸攻、陸軍四式重爆の生産を行なった。終戦時は、空襲を避けて工場は6ヶ所に分散され、海軍機は主に三重県の鈴鹿工場、岡山県の水島工場で生産されていた。

## ●中島飛行機株式会社

三菱とならんで、日本陸、海軍機メーカーの双璧を成した大企業。海軍航空草創期の中心的技術者の1人だった、中島知久平もと機関大尉が、大正6年（1917年）12月20日、郷里の群馬県太田市に『飛行機研究所』の社名で創立し、翌年4月1日、『中島飛行機製作所』と改称した。

昭和6年（1931年）12月、会社組織を変更して『中島飛行機株式会社』となり、日中戦争勃発にともなう軍需拡大に対処し、太田市を中心にした群馬県下、東京の三鷹周辺に次々と新工場が建設されていった。

太平洋戦争が始まると、会社の規模はさらに拡大し、下請工場も含めると、北は岩手県から西は三重県に至るまでの各地に、製作所12、分工場56を擁する、従業員13万8千人という日本最大の航空機製造企業になった。

昭和20年4月1日付けをもって、会社ごと軍需省の管轄下に置かれることになり、名称を『第一軍需工廠』と改めた。戦後は、富士重工業株式会社の名称で復活し、現在は社名が「スバル」となっている。

中島飛行機（株）小泉工場における、零戦五二型の量産風景。昭和19年

## ●愛知航空機株式会社

海軍機だけの設計、製造に専念したメーカーで、当初は、名古屋市内で伝統的な時計の製造技術を生かし、魚雷の信管、発射管などをつくっていた。会社名が『愛知時計電機株式会社航空部』と称していたのは、そうした背景から。

大正9年（1920年）、ロ号甲型水上機の転換生産を皮切りに、航空機の設計、製造分野に進出し、大正14年以降、ドイツのハインケル社と技術提携してから、独自設計能力が備わった。

太平洋戦争中は、水上爆撃機『瑞雲』、潜水艦搭載特殊攻撃機『晴嵐』、艦爆・艦攻統合機『流星』など、異色の機体の開発メーカーとして存在感を示した。なお、昭和18年2月付けで、『愛知航空機株式会社』と改称した。

戦後は、再び愛知時計電機の社名に戻り、水道メーター製造などの民間業務に専念している。

## 日本海軍機の製造会社

### ●川西航空機株式会社

川西も、海軍機専門メーカーのひとつで、主に水上機、飛行艇を得意とした。会社の起源は、大正9年(1920年)2月、兵庫県の神戸市に『川西機械製作所』を設立したときで、社名どおり、航空機の設計、製造は社内の一部門にすぎなかった。

昭和3年(1928年)、航空機部門が独立して『川西航空機株式会社』となり、九四式水偵の成功で躍進、九七式飛行艇、二式飛行艇とつづけて大型傑作飛行艇を生み出し、水上機、飛行艇専門メーカーとしての地位を不動のものにした。

しかし、太平洋戦争中は相対的に水上機、飛行艇の地位が低下し、陸上戦闘機中心の開発方針に転換したが、紫電、紫電改の実用化にあたっては、経験不足故の辛酸を味わわされた。終戦直前の昭和20年7月、中島につづいて軍需省管轄工場に指定され、『第二軍需工廠』と改称した。

戦後は新明和工業(株)の名称で再出発、海上自衛隊のPS-1/US-1飛行艇を生み出し、有名になった。

### ●九州飛行機株式会社

明治以来、福岡県福岡市で炭鉱機械類の製造に携わってきた『渡辺鉄工所株式会社』は、大正10年(1921年)に海軍指定工場となり、航空機の降着装置部品などを製造するようになった。

昭和5年(1930年)、福岡県筑紫郡に飛行機工場を建設して機体製作にも進み、同9年(1934年)に初めての自社設計機、九試潜水艦用偵察機を試作して、海軍機設計メーカーの仲間入りを果たした。

その後、他社設計機の転換生産でも実績をあげて業務を拡大、昭和18年10月、兵器部門を独立させて『九州飛行機株式会社』を設立した。戦争末期、革新のエンテ型(前翼型)戦闘機『震電』の開発を請け負ったことで、同社の名は日本航空史上に特筆される存在となった。

終戦とともに九州飛行機(株)は解散し、昭和24年になって民需企業の渡辺鉄工株式会社として復活した。

### ●日立航空機株式会社

明治43年(1910年)、東京の本所区(現江東区)に創立された、『東京瓦斯工業株式会社』は、大正2年(1913年)に『東京瓦斯電気工業株式会社』と改称し、艦船用各種部品の製造に携わるようになった。

その後、東京府下に工場をいくつか建設して、航空発動機や自動車、機関銃などの製造も手掛け、昭和4年(1929年)、同5年(1930年)に『神風』、『天風』の両発動機を生み出し、小出力発動機メーカーとしての地位を確立した。

昭和13年(1939年)5月、日立製作所が東京瓦斯電気工業の航空機部門を継承合併し、『日立航空機株式会社』となり、太平洋戦争末期には、千葉工場にて零式練習用戦闘機の生産も行なった。

### ●日本飛行機株式会社

昭和9年(1934年)、予備役海軍少将の主務によって神奈川県横浜市磯子区・富岡に創立された、海軍指定工場のひとつで、13年(1938年)9月には海軍の管理会社となった。

昭和14年以降、九三式中練、および二式中練の転換生産を中心に業務を拡大、太平洋戦争末期には山形県の小白川町に山形工場を建設し、ロケット戦闘機『秋水』の転換生産にも着手したが、1機完成させたところで終戦となった。

日飛が終戦までに生産した各種海軍機は、合計3,119機だった。戦後も会社は存続し、駐留米軍機、自衛隊機、民間機の修理、点検業務などを中心に活動した。

### ●昭和飛行機工業株式会社

海軍機メーカーとしては最も新しく、昭和12年(1937年)に海軍当局の肝入りで創立された。当初の目標は、ダグラスDC-3を国産化した、零式輸送機の生産に全力を集中することとされ、昭和16年7月に最初の国産機を完成させ、以後終戦までに416機つくった。

昭和18年3月には、新型機の生産でオーバー・ワークとなった愛知の、九九式艦爆二二型の肩替り生産も開始し、終戦までに計201機つくった。

昭和20年に入ると、紫電改、特攻機『藤花』(陸軍のキ115『剣』の海軍型)の生産も始めたが、終戦までに各2機完成しただけにとどまった。

日本軍用機事典[海軍篇] 175

# 日本海軍機の発動機

## ●外国製品での修行期間

航空機を開発するにあたって、設計者がまず最初に考えるのは、発動機（エンジン）をどうするかである。いかに機体設計を上手くまとめたとしても、搭載する発動機が故障、不調がちで額面どおりの出力を出していなかったりすれば、その機体は失敗作に終わってしまう。

したがって、どこの国でもそうだが、機体の設計技術向上と同じ、あるいはそれ以上に、発動機の開発、設計・製造技術の向上には力を注いだ。

日本の場合は、欧米諸国と異なり、発動機だけを開発、生産する民間の専門メーカーというのは存在せず、航空機製造メーカーに発動機部門が付属するのが通例であった。三菱、中島の2大メーカーが然り、海軍機専門メーカーの愛知、日立でも発動機を生産した。

明治45年に、最初の装備機モーリス・ファルマン、カーチス水上機を購入して以降、昭和ひと桁時代のなかば頃まで、海軍機が搭載する発動機といえば、ほとんど外国製品の国産化品、もしくは、いくらかの改良を加えたものであった。独自設計の発動機を開発するには相応の"修業期間"が必要だったのである。

2大メーカーの三菱、中島は、大正から昭和ひと桁時代にかけて、それぞれフランスの代表的液冷エンジン、イスパノスイザ、およびロレーンのライセンス生産に励み、独自設計の機会が熟すまで、そのノウハウの修得に努めた。

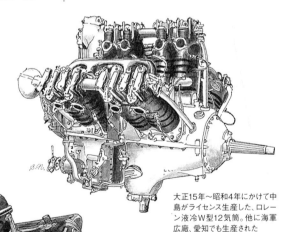

大正15年～昭和4年にかけて中島がライセンス生産した、ロレーン液冷W型12気筒。他に海軍広廠、愛知でも生産された

中島のロレーンに対し、三菱で大正9年～昭和10年にライセンス生産された、イスパノスイザ液冷V型8～12気筒(200～650hp)

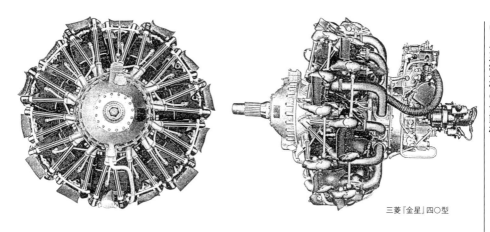

三菱『金星』四〇型

日本海軍機の発動機

## ●傑作発動機「金星」と「栄」の誕生

昭和6年(1931年)、三菱は我が国最初の空冷星型複列(正面から見てシリンダーが放射状に配置されていることから星型と言い、複列とは、それを前、後2列に配置した型を示す)14気筒発動機『A-4』の試作に成功し、本基を原型にして、5年後の昭和11年(1936年)、大成功作『金星』(730～1,500hp)が誕生する。

この『金星』こそ、のちの太平洋戦争終結に至るまで、日本陸、海軍が空冷発動機中心の開発に邁進する、その嚆矢となった。

いっぽう、中島は大正15年に、イギリスのブリストル社から空冷星型9気筒"ジュピター"エンジンのライセンス権を買い、その"ジュ"をとって『寿』と命名した国産化品を生産、三菱とはまた異なった手法で、空冷発動機設計技術を修得していった。

そして、三菱の『金星』とほぼ同時期の昭和11年に、社内名『NAM』と呼ばれた1,000hp級、空冷星型複列14気筒発動機の試作に成功し、のちに『栄』と命名された。零戦、月光、さらには陸軍の一式戦『隼』などにも搭載され、終戦までに他社での転換生産分を含め、合計30,133台という、日本発動機史上最多の生産台数を記録する。

『金星』のピストン行程を20mm短縮したコンパクト版、『瑞星』(850～1,080hp)も成功を収め、空冷星型複列発動機の設計を完全に手の内に入れた三菱は、昭和13年(1938年)、『金星』のシリンダー径と行程を大きくした『火星』(1,530～1,850hp)を完成させた。これは一式陸攻、雷電、天山などの他、陸軍の九七式重爆二型にも搭載され、太平洋戦争期の主力発動機のひとつになった。

この『火星』に対抗した、中島の1,800hp級発動機が『護』。アメリカのライト社製"サイクロン"を原型にした国産化品、『光』9気筒(730～770hp)のシリンダーを少し小さくし、7気筒の複列14気筒にしたものだった。

設計に無理がなく、実用性も良好と判断されたので、大型機用として昭和16年から生産に入ったが、『誉』の出現によりわずか200台で生産は打ち切られてしまった。『深山改』と『天山』一一型に搭載されたのみ。

この『護』を押しのけて、太平洋戦争期の海軍機に"定番"ともいえるほどの厚遇を受けたのが、『誉』である。

## ●'夢の2,000馬力級発動機' 「誉」の功罪

中島は、成功した『栄』を、9気筒複列の18気筒にし、可能な限りコンパクトにまとめれば、理想の2,000hp級発動機が実現できると考え、昭和15年(1940年)9月、『BA11』の社内名称により設計に着手した。

翌年3月に完成した試作品は、海軍の審査を好

# 第四章 海軍航空隊関連資料一覧

## 日本海軍機の発動機

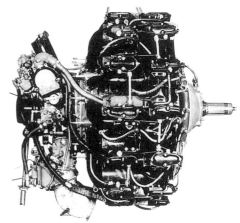

中島『栄』一二型

成績でパス、17年(1942年)9月、『誉』と命名されて生産に入った。

『誉』は1,800～2,000hpの高出力を誇り、欧米の同級のエンジンに比べ、格段に軽量、小型だったことから、"夢の2,000hp級発動機"などと呼ばれるが、そのぶん設計に相当の無理を強いており、量産品が出廻る頃には、品質、燃料事情の悪化なども重なって故障、不調に喘ぎ、本機を搭載した海軍新型機の評価をおしなべて落とす、"罪なる発動機"になってしまったことは不幸だった。

『誉』が予想外の不振をかこっているなかで、三菱はこれに対抗し、『金星』の18気筒化ともいえる、社内名称『A-20』の実用化に奔走していた。A-20は、誉のように必要以上の小型化はせず、シリン

### 海軍機用主要発動機諸元・性能一覧

| 名称 | 略号 | 設計会社 | 型式 冷却法・型・気筒数 | 気筒 筒径(mm) | 気筒 行程(mm) | 圧縮比 | 減速比 | 離昇出力 馬力(hp) |
|---|---|---|---|---|---|---|---|---|
| 『初風』一〇型 | GK4 | 日立 | 空冷倒立直列4 | 105 | 125 | 5.8 | ― | 110 |
| 『神風』一〇型 | ― | 日立 | 空冷星型7 | 115 | 120 | ― | ― | 160 |
| 『天風』一〇型 | GK2 | 日立 | 空冷星型9 | 130 | 150 | 6.65 | 1.000 | 400 |
| 『護』一〇型 | NK7 | 中島 | 空冷星型複列14 | 155 | 170 | 6.5 | 0.578 | 1,870 |
| 『瑞星』一〇型 | MK2 | 三菱 | 空冷星型複列14 | 140 | 130 | 7.0 | 0.688 | 940 |
| 『瑞星』二〇型 | MK2 | 三菱 | 空冷星型複列14 | 140 | 130 | 7.0 | 0.625 | 1,080 |
| 『火星』一〇型 | MK4 | 三菱 | 空冷星型複列14 | 150 | 170 | 6.5 | 0.684 | 1,530 |
| 『火星』二〇型 | MK4 | 三菱 | 空冷星型複列14 | 150 | 170 | 6.5 | 0.500 | 1,850 |
| 『金星』二型 | MK8 | 三菱 | 空冷星型複列14 | 140 | 150 | 6.0 | 0.625 | 840 |
| 『金星』四〇型 | MK8 | 三菱 | 空冷星型複列14 | 140 | 150 | 7.0 | 0.700 | 1,000 |
| 『金星』五〇型 | MK8 | 三菱 | 空冷星型複列14 | 140 | 150 | 7.0 | 0.633 | 1,300 |
| 『栄』一〇型 | NK1 | 中島 | 空冷星型複列14 | 130 | 150 | 7.2 | 0.6875 | 1,000 |
| 『栄』二〇型 | NK1 | 中島 | 空冷星型複列14 | 130 | 150 | 7.2 | 0.6833 | 1,130 |
| 『寿』二型 | ― | 中島 | 空冷星型9 | 146 | 160 | 5.25 | 直結式 | 570 |
| 『寿』四一型 | ― | 中島 | 空冷星型9 | 146 | 160 | 6.7 | 0.6875 | 710 |
| 『光』一型 | ― | 中島 | 空冷星型9 | 160 | 180 | 6.0 | 直結式 | 730 |
| 『誉』一〇型 | NK9 | 中島 | 空冷星型複列18 | 130 | 150 | 7.0 | 0.500 | 1,800 |
| 『誉』二〇型 | NK9 | 中島 | 空冷星型複列18 | 130 | 150 | 7.0 | 0.500 | 2,000 |
| 『ハ四三』一〇型 | MK9 | 三菱 | 空冷星型複列18 | 140 | 150 | 7.0 | 0.472 | 2,100 |
| 『熱田』二〇型 | AE1 | 愛知 | 液冷倒立V型12 | 150 | 160 | 6.8 | 0.645 | 1,200 |
| 『熱田』三〇型 | AE1 | 愛知 | 液冷倒立V型12 | 150 | 160 | 7.2 | 0.532 | 1,400 |

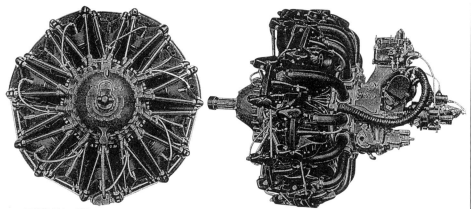

三菱『火星』一〇型

日本海軍機の発動機

ダー径は10mm、発動機本体の直径は50mm誉より大きくし、それに見合って、出力も2,200hpを発揮できる計算だった。

1号基は、誉に遅れること約1年、昭和17年2月に完成、額面どおり2,200hpの出力を出すことが確認されたが、耐久運転審査の段階になって、前例のない高回転（2,900r.p.m.）による主軸受、ピストンの

焼損、シリンダー内温度の異常上昇、油温上昇などのトラブルが続出して実用化は遅れ、ようやく海軍の審査をパスしたのは、18年6月のことだった。

海軍は、誉の不調もあってA-20に大きな期待を寄せたが、量産体制がなかなか整わないうえ、19年12月の東海大地震、さらにはB-29の空襲により三菱工場が壊滅状態になってしまったため、終

| 離昇出力 | | 公称出力 | | | | 諸元 | | | |
| 回転数(r.p.m) | 吸入圧力 | 馬力(hp) | 回転数(r.p.m) | 吸入圧力(mm) | 高度(m) | 全長(mm) | 全幅(mm) | 全高(mm) | 重量(kg) |
|---|---|---|---|---|---|---|---|---|---|
| — | — | 100 | 2,400 | — | — | 1,180 | 664 | 442 | 110 |
| 2,200 | — | 150 | 2,000 | — | — | 935 | 970 | 970 | 175 |
| — | — | — | — | — | — | 1,018 | 1,208 | 1,208 | 320 |
| 2,600 | +400 | 1,750 | 2,500 | +300 | 1,400 | — | 1,380 | — | 870 |
| 2,650 | +160 | 950 | 2,600 | +120 | 2,300 | 1,392 | 1,118 | 1,118 | 526 |
| 2,700 | +270 | 1,055 | 2,600 | +180 | 2,800 | 1,460 | 1,118 | 1,118 | 565 |
| 2,450 | +240 | 1,450 | 2,350 | +165 | 2,600 | 1,705 | 1,340 | 1,340 | 725 |
| 2,600 | +450 | 1,680 | 2,500 | +300 | 2,100 | 1,753 | 1,340 | 1,340 | 750 |
| 2,350 | +70 | 790 | 2,150 | +25 | 2,000 | 1,675 | 1,214 | 1,214 | 532 |
| 2,500 | +150 | 990 | 2,400 | +70 | 2,800 | 1,646 | 1,218 | 1,218 | 560 |
| 2,600 | +330 | 1,200 | 2,500 | +200 | 3,000 | — | 1,218 | 1,218 | 642 |
| 2,550 | +250 | 980 | 2,500 | +150 | 3,000 | — | 1,115 | 1,115 | 530 |
| 2,750 | +300 | 1,100 | 2,700 | +200 | 2,850 | — | 1,115 | 1,115 | 590 |
| 2,300 | +150 | 500 | 2,100 | +40 | 2,500 | — | 1,280 | — | 376 |
| 2,600 | +200 | 780 | 2,400 | +125 | 2,900 | 1,223 | 1,295 | — | 435 |
| 2,150 | +150 | 670 | 1,950 | +50 | 3,700 | 1,245 | 1,375 | — | 475 |
| 2,900 | +400 | 1,650 | 2,900 | +250 | 2,000 | 1,785 | 1,180 | 1,180 | 830 |
| 3,000 | +500 | 1,860 | 3,000 | +350 | 1,800 | 1,785 | 1,180 | 1,180 | 830 |
| 2,900 | +500 | 1,900 | 2,800 | +300 | 2,000 | 2,184 | 1,230 | 1,230 | 1,035 |
| 2,500 | +325 | 1,050 | 2,400 | +150 | 1,600 | 2,097 | 712 | 1,000 | 655 |
| 2,800 | +310 | 1,310 | 2,600 | +250 | 1,700 | 2,132 | 712 | 1,030 | 715 |

# 第四章 海軍航空隊関連資料一覧

## 日本海軍機の発動機

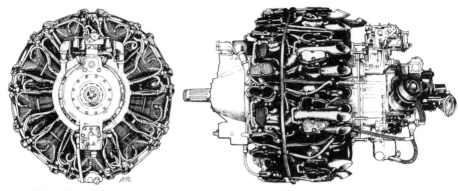

中島『誉』一〇型

戦までに極く少数しか完成しなかった。A-20の陸、海軍統一制式名称は『ハ四三』だった。海軍機では、烈風と震電が搭載したのみ。

三菱、中島の発動機開発史は、夢と消えた超遠距離爆撃機『富嶽』用に計画された、『ハ五〇』、および『ハ五四』をもって終わる。

三菱のハ五〇は、ボア（内径）×ストローク（行程）150×170mmのシリンダーを、星型11気筒複列の22気筒としたもので、3,000hpという大出力を出す計画だった。

また、中島のハ五四は、ボア×ストローク146×160mmの星型複列18気筒を、前、後に連結して、計36気筒、出力5,000hpに達する、破天荒な設計だった。

しかし、このように大型、かつ特殊な気筒配置の大馬力発動機を、当時の日本の技術力で実現するのは到底無理な話で、ハ五〇は試作品は完成したものの、試運転段階で終わり、ハ五四は、結局、富嶽と同時に計画中止になり未完に終わった。

2大メーカー、三菱、中島製の発動機で、主要機種のほとんどを賄った海軍だが、練習機など、比較的低出力の発動機としては、瓦斯電（日立）の『天風』（300〜610hp）が最も広範に使われた。実用性に優れていたために、九三式中練や白菊などの練習機には最適な発動機だった。

### ●液冷エンジン「熱田」とロケット・ジェットエンジン

海軍の発動機を語るとき、触れなければならないのは、愛知の液冷『熱田』であろう。陸軍の

三菱『ハ四三』（A-20）

川崎『ハ四〇』と同じく、ドイツのダイムラーベンツDB601Aを国産化したものだが、出力はともかく、結局のところ、当時の日本の技術力ではこなし得ない高品質、高精度の発動機だった。

本発動機を搭載した『彗星』は、その不調、故障に振り廻されて、稼働率が極端に低く、機体取扱いの難しさとも重なり、すっかり評価を落とし、最後は空冷『金星』への換装という、屈辱を味わわされることになった。

三菱、中島が、かつて国産化したイスパノスイザ、ロレーンの両液冷発動機も、実用性は決して高くなく、日本は液冷発動機の製造、取り扱いには不向きという事実を、海軍は認識しておくべきだった。

最後に、『秋水』のロケットエンジン、『橘花』のジェットエンジンについても、一言触れておかねばならない。

『秋水』のそれは、『特呂二号』と称し、原型のMe163が搭載したヴァルターHWK-109/509Aの国産化品。ただし、資料が不完全だったこともあって、タービンポンプなどの部品は、三菱が独自に設計した。

ドイツではT液、C液と称した2種類の薬液を接触させ、それによって生ずる激しい化学反応の燃焼ガスを推力として利用するのが原理。推力は1,500kgで秋水に900km/hに近い超高速をもたらしたが、燃費も膨大で、甲液1,149リットル、乙液536リットルの搭載燃料を、わずか3分半で使い切ってしまう、空前の"大メシ喰らい"だった。

『橘花』のエンジンは、『ネ二〇』と称し、ドイツのBMW003ターボジェットに範をとって、空技廠が設計・製作した。前部に8段の圧縮器をもつ軸流式だが、BMW003よりも少し軽量・小型で、推力は約60%に相当する480kgだった。

タービン翼車の製作に不可欠なニッケル鋼の入手が困難で、そのために性能低下をしのび翼車を厚くしなければならないなどのハンディがあった。しかし、とにもかくにも、連続4時間運転が可能な段階までもっていった、空技廠技術者たちの努力は称賛に値する。

『橘花』2号機に搭載された『ネ二〇』ジェットエンジン

# 日本海軍機の射撃兵装

軍用機にとって欠くべからざる武器である射撃兵装、すなわち機関銃、機関砲の設計、製造技術もまた、発動機などと同様に、一朝一夕に備わるものではなく、長年にわたる地道な研究の積み重ねが必要だった。

残念ながら、日本陸海軍においては、射撃兵装を独自に開発しようとする熱意は希薄で、太平洋戦争終結に至るまで、ほとんど外国製品の国産化、もしくはその改良で間に合わせたというのが実情である。

ビッカース7.7mm機銃を国産化した、九七式七粍七機銃

戦闘機にしろ、爆撃機にしろ、日中戦争までは、口径7.7mmの機銃しか実用化されておらず、海軍は、戦闘機用にイギリスのビッカース社製の国産化品、爆撃機などの旋回銃には、アメリカのルイス社製の国産化品を使用した。

日本の戦闘機として最初の装備例になった零戦の九九式二十粍機銃は、スイスのエリコン社製FF型の国

零戦が装備した各種機銃。上から九九式二号四型二十粍、九九式一号一型改二二十粍、三式十三粍

## 日本海軍の主要航空機銃 要目

| 名称 | 全長(mm) | 重量(kg) | 初速(m/sec) | 発射速度(発/min) | 備考 |
|---|---|---|---|---|---|
| 毘式(九七式)七粍七固定機銃三型 | 1,035 | 12.8 | 747 | 1,000 | イギリス ビッカース7.7mm機銃の国産化 |
| 留式七粍七旋回機銃 | 980 | 9.5 | 740 | 700 | アメリカ ルイス機銃の輸入品 |
| 九二式七粍七旋回機銃 | 980 | 9.5 | 748 | 550 | ルイス機銃の改造国産化 |
| 一式七粍九旋回機銃 | 1,080 | 7.3 | 750 | 1,000 | ドイツ ラインメタルMG15 7.92mmの国産化 |
| 二式十三粍旋回機銃 | 1,170 | 17.4 | 750 | 900 | ドイツ ラインメタルMG131 13mmの国産化 |
| 三式十三粍固定機銃一型 | 1,530 | 27.5 | 800 | 850 | アメリカ コルト・ブローニングM2 12.7mmのコピー |
| 三式十三粍旋回機銃一型 | 1,550 | 34 | 800 | 850 | 上記固定銃を旋回銃に改造 |
| 九九式一号二十粍固定機銃三型 | 1,331 | 23.2 | 600 | 525 | スイス エリコン社製FF型20mmの国産化 |
| 九九式一号二十粍旋回機銃四型 | 1,581 | 23.4 | 600 | 535 | 上記FFの動力銃架用 |
| 九九式二号二十粍固定機銃四型 | 1,890 | 38.0 | 760 | 500 | 一号型の長銃身化 |
| 二式三十粍固定機銃一型 | 2,086 | 50.9 | 710 | 380 | エリコンFFの口径拡大、少数生産 |
| 五式三十粍固定機銃一型 | 2,092 | 71.0 | 770 | 530 | 独自設計 |

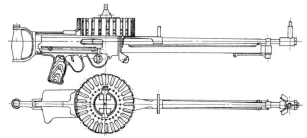

ルイス製7.7mm旋回機銃を国産化した、九二式七粍七旋回機銃

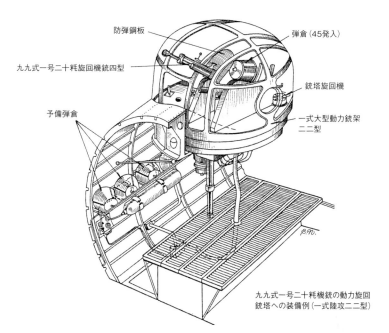

防弾鋼板
弾倉（45発入）
九九式一号二十粍旋回機銃四型
銃塔旋回機
一式大型動力銃架二二型
予備弾倉

九九式一号二十粍機銃の動力旋回銃塔への装備例（一式陸攻二二型）

産化品で、九六式陸攻、一式陸攻などは旋回機銃として用いた。零戦二二甲型以降が装備した長銃身タイプは、日本海軍が同機銃を改良したものだった。

太平洋戦争が始まり、射撃兵装の強化が急務になると、海軍は、旋回機銃にドイツのラインメタル社製7.92mmの国産化品（一式七粍九）、およびMG131 13mmの国産化品（二式十三粍）、さらには戦闘機の固定機銃として、アメリカのコルト・ブローニング社製M2の国産化品（三式十三粍）を、次々に制式採用した。

防弾装備の強固なアメリカの爆撃機に対しては、20mm機銃でも威力不足と悟った海軍は、昭和17年、十七試三十粍機銃の名称で30mm機銃の試作に着手、ようやく3年後の20年5月、五式三十粍機銃として制式兵器採用したが、時すでに遅く、本格的な実戦使用に至るまえに終戦となった。本機銃は、海軍における唯一の独自設計機銃といってよかった。

なお、日本海軍では口径30mmまでを機銃、それを超えるものを機関砲と呼んでおり、欧米の基準とは異なっていた。

五式三十粍機銃一型

# 海軍航空隊関連資料一覧

## 日本海軍機の爆弾、魚雷

八〇番陸用爆弾を懸吊して発艦する、航空母艦『赤城』搭載の九七式三号艦攻

日本海軍の航空機用爆弾は、大正10年に招聘した、センピル航空教育団によって初めてもたらされ、それを範とした"茄子型"の流線形爆弾が、日中戦争の頃まで使われた。これらは、当然のごとく対水上艦船攻撃用として造られており、重量別に30kg、60kg、250kg、500kg、800kgの5種類あり、弾種名はいずれも通常爆弾二型と称した。ちなみに、日本海軍では、それらを呼称するにあたり、重量をそのまま表記せず、1/10にした番数を制式名称とした。

日中戦争では、爆撃目標がほとんど陸上の基地施設、建物などだったために、従来の通常爆弾では必ずしも効果的ではなかったことから、弾体強度を少し弱くし、そのぶん炸薬量を増やした陸用爆弾などが開発され、実戦使用された。

昭和16年に入り、仮想敵と目された、装甲の厚いアメリカ海軍戦艦を攻撃するために、特別に造られたのが八〇番徹甲爆弾である。これは、戦艦『長門』型の40cm主砲弾の1種、九一式徹甲弾を改造したもので、弾体外殻が強固で、先端が鋭く尖っているのが特徴。実験の結果、高度2,500mから投下して、厚さ150mmの鋼板を貫徹する威力が確認され、九九式八〇番徹甲弾として採用。太平洋戦争開戦劈頭のハワイ・真珠湾攻撃において、九七式艦攻が水平爆撃で投下、大いに威力を示したことは有名。

太平洋戦争中は、前記した各種爆弾が、それぞれに改良されて新型に更新され、また、飛行中の敵

### 太平洋戦争中に使用された海軍の爆弾（寸法単位はmm）

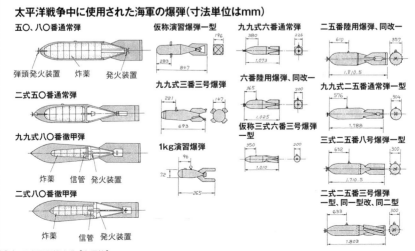

ハワイ作戦に出撃する直前の、航空母艦『赤城』飛行甲板上に置かれた、九一式改二魚雷。尾部の框板はまだ取り付けられていない

## 日本海軍機の爆弾、魚雷

爆撃機編隊に対して投下し、そのすぐ上空で爆発させて、いちどに多数機に損害を与えるという構想の、空対空用三号爆弾、潜水艦攻撃用の専用爆弾なども新たに開発され、実戦使用されている。太平洋戦争中に使用された、主要な爆弾を前ページ下の図に示しておく。

爆弾とともに、艦船攻撃用の主力兵器となったのが魚雷である。日本海軍は、爆弾と同様に、大正10年から昭和7年頃まで、イギリスのホワイト・ヘッド社製の18in.魚雷を範にした、四四式45cm魚雷を使用してきたが、昭和5年に独自設計の試作品が完成。これを改良したものが翌年に九一式魚雷の名称で採用され、以後、太平洋戦争終結まで、数種

の改良型に更新しつつ使い続けた。

ハワイ作戦で九七式艦攻が搭載したのは、浅海用の九一式改二、マレー沖海戦では、九一式改一と称する型式が使用された。各型は炸薬量がそれぞれ異なり、重量は改一が785kg、改二が838kg、最終型の改七では1,055kgに増加している。

九一式魚雷の走行速度は、すべての型とも42kt(77.7km/h)、射程は2,000～1,500m。

投下してから海面に落下するまで、軌道を安定させるために、尾部に框板と呼ばれた、木製のパーツ(海面に突入と同時に衝撃で外れるようになっていた)を付けているのが、他国の魚雷には見られない、九一式各型の特徴だった。

### 艦攻『天山』を例にした、魚雷／爆弾の懸吊要領

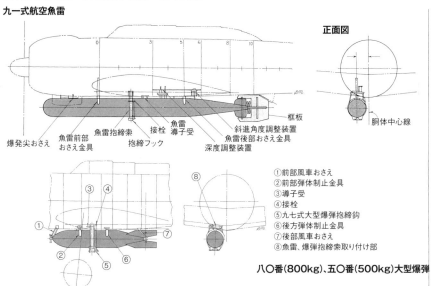

# 日本海軍の航空機用無線通信兵器

## ●日本海軍の代表的無線機、九六式無線電信機

　無限に広がる大空を飛び廻る航空機にとって、地上の基地、あるいは編隊を組んだ僚機との意思疎通に、無線機は必要不可欠の装備である。

　日本海軍機が無線機を装備するようになったのは、やはり大正10年のセンピル航空教育団招聘後で、イギリスのマルコニー社製AD-6と称する型式を輸入し、F-5号飛行艇、一三式艦攻などに搭載したのが最初だった。

　昭和4年、海軍はAD-6を国産化して八九式空二号無線電話機の名称により制式採用したが、本機は出力50W（ワット）の大型器で、小柄な戦闘機には搭載できず、九六式艦戦の途中までは、無線機は未装備だった。

　昭和9年、八九式空二号を性能向上した、九四式空二号特型が制式採用され、海軍機の無線機はようやく板についた感がした。

　この頃、海軍の無線機研究機関も整備され、新型機器開発能力も向上、昭和11年には、電波精度を高めるために、水晶制御方式を導入した、九六式無線電信機を完成させた。この九六式に至って、ようやく戦闘機にも搭載可能な小型機器が実現し、九六式二号二型艦戦に初めて搭載された。

　九六式無線機の採用にあわせて、機種ごとの呼称基準が定められ、空一号は単座機（戦闘機）用、空二号は二座機（複座機）用、空三号は三座機用、空四号は多座機（双発、四発機）用を表わした。これらは、主に出力（W）（ワット）の違いによりサイズ、重量が異なった。

　九六式空一号は、零戦にも装備され、それら各九六式の関係機器も含めた装備要領を下図に示しておいた。ただし、空一号は、実際には感度不良で雑音が多く、あまり役立たなかったというのが実情。

## ●帰投方位測定器と三式空一号無線機

　航空機の航続力が次第に向上し、航空母艦、もしくは陸上基地から遠く離れて行動中、天候が悪化して方位を失なったときなどに、母艦、もしくは基地から発進される電波をキャッチし、その方向に戻れば、

**多座機用の九六式空三号無線電信機ユニット**

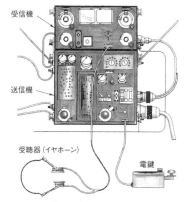

**三式空六号無線電信機（H-6）ユニット**
（寸法単位mm）

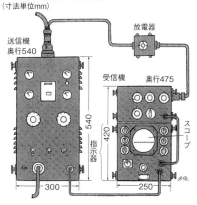

戦闘機用小型無線機として、昭和18年から生産に入った三式空一号無線電信機。九六式空一号に比較してずっとコンパクト化している。写真右の箱が一体となった送受話器。その左が操縦室に設置される管制器、左手前の丸い物は受聴器（イヤホーン）。これら全体で31kgの重量があった

遭難事故を防げる。この、電波をキャッチする装置を、日本海軍は無線帰投方位測定器と称し、日中戦争勃発を契機に米のクルシー社、および独のテレフンケン社から大量に購入して各機種に装備した。

上記両測定器は、その後輸入が滞ったことから国産化され、クルシー製は一式空三号無線帰投方位測定器、テレフンケン製は零式空四号無線帰投方位測定器の名称で採用された。前者は主に小型機、後者は大型機に搭載されている。

昭和13年には、編隊飛行中の各機間で用いる、局所通信用の超短波隊内無線電話機が完成し、大型機用は九八式空四号隊内無線電話機、小型機用は一式空三号隊内無線電話機の名称でそれぞれ制式採用となり、大量生産された。

太平洋戦争中は、これら各種無線機の改良型がつくられたのだが、昭和18年以降は、改良の目的が性能向上ではなく、主に物資欠乏による性能抑制と、大量生産に適応させるための、機構簡略化に変わっていった。

ちなみに、戦闘機用の小型無線機は、昭和18年に旧九六式空一号に代わって、三式空一号が大量生産に入ったが、本機に至ってもなお感度不良の欠点は直らず、ようやくにして本来の用をなす程度になったのは、昭和20年2月以降、本土空襲に飛来して撃墜された、アメリカ海軍艦載機を検分し、その適切なアース処理がわかり、これに倣って改修してからのことだった。誠に情けない話ではある。

### ●電波探信儀と機上迎撃レーダー

第二次世界大戦で初めて実用化され、従来の戦争形態を根本から覆してしまうほどの革命的兵器といわれたのが、レーダーである。このレーダーも、無線電信機の一種であり、日本海軍は電波探信儀（略して電・探）と呼称し、太平洋戦争開戦前から航空機搭載用小型電・探の研究には着手していた。

そして、昭和17年には、波長2mの電波を用いる試作品を完成、翌18年に三式空六号無線電信機（H-6）の制式名称で生産開始した。電波探信儀ではなく、無線電信機と命名したのは、防諜上の配慮によるもので、アメリカ軍にその存在を知られないようにするためだった。

この電・探は、終戦までに二千数百台製造され、『天山』をはじめ、一式陸攻、『銀河』、二式飛行艇などに搭載され、実戦においてかなりの効果を発揮した。ただ、戦争末期のこととて、欧米のように戦局に劇的な影響を及ぼすようなことはなかった。

欧州の独英間で壮大に展開した夜間電子戦のような状況は、太平洋戦線では起こり得るべくもなかったが、日本海軍も、夜間戦闘機『月光』などに搭載する、機上迎撃レーダーの開発は行なっており、昭和19年に十八試空六号無線電信機（FD-2）と称する型の生産を開始した。

しかし、日本には実用性の確かな小型機上レーダーを造り出す技術はなく、FD-2は、極く少数が『月光』に搭載されたものの、実戦ではほとんど用をなさずに終わった。

スコープを現代と同じ原理のPPI方式にした、十九試空電波探信儀二号一一型（玉-3）も試作されたが、生産に入るまえに終戦となっている。総じて、日本の電子機器開発は、欧米に比べ、かなり遅れていたといわざるを得ない。

一式陸攻二四型の三式空六号無線電信機用アンテナ
（左は機首、右は胴体後部）

# 第四章 海軍航空隊関連資料一覧

# 日本海軍機の塗装・マーキング

## ●黎明期〜銀色と赤の保安塗粧

　明治45年、最初の装備機としてフランス、アメリカから購入したモーリス・ファルマン、カーチス両水上機をはじめ、大正12年頃に至るまでの海軍機は、イギリスから一定数を輸入したソッピース パップ、グロスター スパローホーク戦闘機などの一部を除き、統一化した塗装は施していなかった。

　すなわち、発動機覆などの金属鈑には、防錆用のエナメル系塗料（黒、もしくは茶色）を、木製支柱、羽布張り外皮部分などには、ワニス、またはドープなどの透明塗料などを塗って、材質の保護を目的にしているのみだった。

　大正12年（1923年）から就役をはじめた、三菱の一〇式艦上機トリオは、イギリスのパップ戦闘機に倣って、機体上面に暗褐色の迷彩を試験的に施したが、当時の海軍機が実戦に参加する可能性は低く、ほどなく廃止された。

　大正13年（1924年）頃、海軍は初めて統一化された塗装基準を定め、全ての保有機に適用することにした。それは、艦上機の本格就役に対処する意味合いもあり、塩害や直射日光から機体を守るために、全面を銀色に塗ることにした。

　この銀色は、アルミニウムの粉末をワニスなどの

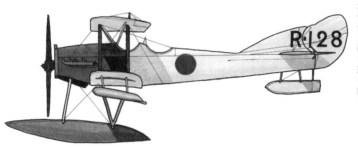

大正11年〜15年間のロ号甲型水上機。機首の金属鈑と浮舟は黒、もしくはこげ茶色の防錆塗装、他の羽布張り外皮はワニス、もしくはドープの透明塗料を塗布してある。尾翼記号の"R"は、霞ヶ浦航空隊に割り当てられた符号

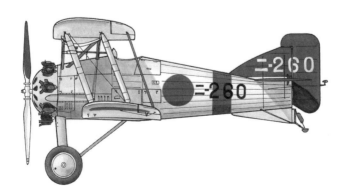

全面銀色に尾翼の赤色塗装という、昭和初期時代の典型的海軍機塗装を示す、航空母艦『加賀』搭載の三式二号艦戦。胴体後部の赤帯と尾翼の赤塗装は、連合艦隊付属を示す標識

日中戦争勃発により、海軍機に導入された緑黒色と土色の雲形塗り分け迷彩例。美幌航空隊所属の九六式陸攻二型で、下面は無塗装ジュラルミン地肌。胴体後部の2本の白帯は第二連合航空隊隷下を示し、垂直尾翼の白帯マークは中隊識別用のもの

透明塗料で溶いたもので、戦前のマスコミが盛んに用いた"銀翼の海鷲"というフレーズは、この塗装に由来している。

昭和8年(1933年)6月、それまで連合艦隊所属を示す標識とされてきた(大正15年7月の規定)尾翼の赤色塗装は、洋上に不時着水した場合に救助隊の発見を容易にするための「保安塗粧」という呼称に内容変更され、戦前の海軍機を象徴する塗装が固まった。

もっとも、この保安塗粧は練習機、輸送機、飛行艇、水上機の一部には適用されなかったが、練習機と水上機については、昭和10年(1935年)5月に適応対象になった。

## ●日中戦争〜迷彩を導入

日中戦争が勃発し、広大な中国大陸に進出することになった海軍機だったが、全面銀色塗装はあまりにも目立ち過ぎて具合が悪かったため、急ぎ迷彩を導入することにした。使用した塗色は、中国大陸の風景に合うよう、緑黒色(ダークグリーン)と土色(ブラウン)の2色で、上面を雲形状に不規則に塗り分けた。この場合の下面は銀色のままとされたが、一部の機体は灰色(グレイ)に塗った例もあった。もちろん、尾翼の保安塗粧は塗り潰された。

昭和13年(1938年)1月、前記迷彩色に加え、陸上攻撃機を対象に枯草色(カーキ)と称した、黄色味の強い塗色が採用されたが、本色だけのベタ塗りにはせず、緑黒色、または茶色との雲形塗り分けが原則だった。

迷彩が導入されたのちも、日中戦争に参加しない内地部隊機などは、もちろん従来のままの塗装で通したわけだが、昭和15年(1940年)11月、海軍は『連合艦隊飛行機識別規定』の改訂を公布し、指定以外の機種は、原則的に迷彩を施すよう規定した。

## ●太平洋戦争へ向け灰色塗装に

すなわち、"艦上戦闘機、艦上攻撃機、九九式艦上攻撃機、十二試三座水偵(のちの零式水偵)、オヨビ十試水上観測機(のちの零式観測機)ノ外ハ迷彩塗装ヲ実施スルモノトス"の条項を付したのである。塗装の面からも戦時体制に入ったといえよう。

前記規定で指定された機体は、銀色に代わって、全面を光沢のある灰色に塗った。ただし、零戦が使用した灰色は、黒と白を混ぜて出来る単純な灰色ではなく、光沢が強く、少し緑褐色味を帯びた微妙な色あいで、明度も意外に低い。本機の迷彩塗装に関する公式文書中では"現用飴色"という、抽象的な名称で表記されている。透明感があって、水飴のような感じがしたからであろう。

したがって、太平洋戦争開戦時点における海軍実用機の塗装は、零戦や九九式艦爆、零式水偵が全面灰色、その他が上面に緑黒色と茶色の雲形塗り分け迷彩、内地部隊の訓練機などが、旧全面銀色に赤色保安塗粧という、混在した状況にあったわけである。

なお、九三式中練などの練習機は、昭和13年12月に、カウリングの防眩塗装(黒)を除いた機体全面を、目立つように黄色に塗るよう規定され、昭和17

# 第四章 海軍航空隊関連資料一覧

**日本海軍機の塗装・マーキング**

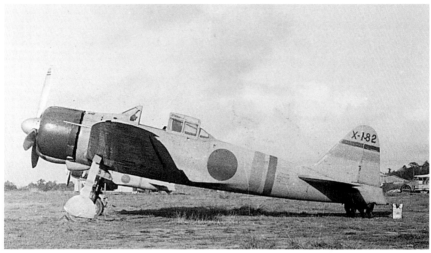

昭和15年に規定された全面灰色塗装規定に沿ったものの、零戦だけを対象に用いられた特別に光沢を高めた通称"現用飴色"で塗布した第三航空隊の二一型

年10月には、新型機の試作機もその対象に規定された。九三式中練が国民の間に"赤トンボ"のニックネームで知られたのも、この塗色に由来していた。

太平洋戦争が始まってみると、強大な航空戦力を誇るアメリカ軍との戦いは、日本海軍が予想していた以上に厳しく、零戦を除いた各機種は、敵機からの被発見率を少しでも低くするために、昭和17年なかばまでには、第一線展開機のほとんどが上面に迷彩を施した。この場合は、茶色は用いず、緑黒色、または濃緑黒色の一色ベタ塗りだった。

零戦も、しばらくは"現用飴色"で通したのだが、昭和17年夏、ソロモン諸島航空戦が激化したのを契機に、現地で緑黒色、濃緑黒色、または手製の混合色などで種々のパターンの迷彩を施すようになり、秋頃までには、基地部隊の前線展開機のほぼ全てが迷彩に身を包んだ。

### ●濃緑黒色と灰色の迷彩へ

こうした状況に鑑み、海軍は昭和18年(1943年)7月、実用機全てを対象に、上面を濃緑黒色一色ベタ塗り迷彩、下面を灰色に統一することにした。この下面の灰色は、零戦も含め、全てJ$_3$の符号をもつ標準の色調である。もっとも、一式陸攻、銀河、天山などは、工程簡略のため下面に塗装は施さず、無塗装ジュラルミン地肌のままが標準だった。この迷彩は、その後終戦まで変化なく適用された。

敵機からの被発見率を、なるべく低くするための迷彩の導入とは別に、最前線では緊張のあまり味方機同士が、互いを敵機と誤認し、同士討ちになってしまう例が頻発し、日本機であることをはっきりと視認できるような措置が求められた。

その結果、日本陸、海軍は中央協定という形で味方機識別塗装を規定、正面方向からの識別手段として、主翼前縁の内側約半分を黄色く塗るようにした。

また、胴体国籍標識(日の丸)には白四角地、もしくは幅75mmの白フチを追加すること、さらに、主翼上面国籍標識にも75mm、またはその半分程度の白フチを追加して、日本機であることを容易に確認できるようにした。胴体国籍標識に白四角地を追加したものは、その形から"方形国旗標識"と呼ばれた。

この規定は、昭和17年10月6日付けで公布されたのだが、やはり、最前線ではあまりにも目立ち過ぎるとの指摘が出され、濃緑黒色や黒色で塗り潰してし

昭和19年秋、標準的な上面濃緑黒色/下面灰色の迷彩塗装を施した、元山航空隊所属の『雷電』二一型。機首上面は太陽光の反射を防ぐ目的のツヤ消し黒に塗ってある。機番号が4桁の1100番台になっているのは、同一部隊内に他の戦闘機が混在している場合に採られた処置

まう場合が多かった。方形国旗標識については、最初から広範には適用されなかった。

● 部隊符号

海軍機は、日中戦争が始まるまでは、胴体後部両側、垂直尾翼両側、上翼上面、上翼下面左右の7箇所に、それぞれ固有機識別記号を記しており、銀色、赤色保安塗粧と相俟って、いかにも平時らしい華やかな印象を与えていた。

記号は、頭にそれぞれの所属部隊を示す符号、ハイフンを挟んでその右に2〜3桁の固有機番号という構成で、これは太平洋戦争終結まで基本的には変わらなかった。

部隊符号は、大正15年までは任意のアルファベット1文字を充てたが、それ以降は、横須賀航空隊のように、所在地の地名を冠した常設航空隊は、その地名の頭文字をカタカナで充てた。横須賀空なら"ヨ"、佐世保空なら"サ"という具合に。ただし、大村空、大分空のように頭文字が同じ場合は、あとから編成された大分空が"オタ"というように2文字にして区別した。

航空母艦の搭載機は、大正15年以降、それぞれの艦ごとに竣工順にカタカナ1文字を割り当て、最初の水上機母艦『若宮』の"イ"から、『鳳翔』の"ロ"、『赤城』の"ハ"、『加賀』の"ニ"という具合にした。

固有機番号も機種ごとに割り当て番台が定めてあり、水上機、飛行艇は1〜99、戦闘機は100番台、爆撃機は200番台、攻撃機は300番台、練習機は400〜800番台、輸送機、その他が900番台だった。

この規定に従い、例えば"ハ-313"の記号を記入した機体は、航空母艦『赤城』搭載の艦上攻撃機ということが、ひと目でわかることになる。

日中戦争が始まり、新たに戦時編成の特設航空隊(実戦活動を本務とする部隊)が出現すると、これらの部隊は、防諜上の配慮からアルファベットとローマ数字の組合せなどを符号として用い、航空母艦、戦艦などの搭載機もこれに倣った。

太平洋戦争中も、基本的には日中戦争時のシステムが継続したが、昭和19年になると、特設航空隊、航空母艦、艦載機も、部隊名の2〜3桁数字に変更され、そのまま終戦まで適用した。

紙数の関係で、具体的な部隊符号変遷については省略させていただく。

第四章　海軍航空隊関連資料一覧

日本海軍の航空母艦

# 日本海軍の航空母艦

日本海軍最初の航空母艦『鳳翔』

　日本海軍における航空母艦運用への意欲は、発祥の国、イギリス海軍にも劣らぬものがあり、初めて建造した『鳳翔』は、英海軍最初の全通飛行甲板を持つ航空母艦『アーガス』に遅れること、わずか4年後の大正11年（1922年）12月に竣工している。そのうえ、当初から航空母艦として設計、竣工した軍艦としては、世界最初の例になったという肩書きまで持っていた。

　昭和2、3年には、排水量26,900トンに達する大型航空母艦『赤城』、『加賀』が相次いで竣工し、日本海軍は、この2隻が揃ったことにより、実質的に真の艦隊航空戦力を保有できたといってよい。

　先のワシントン、および、昭和5年（1930年）のロンドン軍縮会議により、戦艦や巡洋艦の保有量を、対米、対英海軍の6割に制限された日本海軍は、その不足分を補う手段として、航空戦力の増強に一層の努力を傾注することになった。

　それは当然、航空母艦の建造計画にも反映し、昭和9年（1934年）度には中型クラスの『蒼龍』、『飛龍』、そして12年（1937年）度には、大型クラス

ミッドウェー海戦で失われるまで、空母部隊の象徴的存在だった『赤城』

# 日本海軍の航空母艦

『赤城』とともに、海軍空母部隊の中心的存在だった『加賀』

の『翔鶴』、『瑞鶴』の建造にも着手、太平洋戦争開戦時には、民間商船からの改造空母『春日丸』を含め、合計10隻の航空母艦と590機に達する搭載機を擁する、世界最強とも言いうる空母戦力を保有するに至った。

これらの空母戦力が、太平洋戦争開戦劈頭のハワイ・真珠湾攻撃をはじめ、ソロモン諸島攻略戦、南西太平洋方面制圧、インド洋海戦、サンゴ海海戦などで、緒戦期の日本軍快進撃の急先鋒となって大活躍、従来までの戦争形態概念を、根本から覆してしまったことに、世界は驚愕した。

しかし、世界に先駆けて新しい空母戦略を実践した日本海軍も、昭和17年6月のミッドウェー海戦にて、気の緩みから主力空母4隻と搭載機、そして何より貴重な熟練搭乗員を一挙に失う大敗を喫して状況は暗転、以降は、アメリカ海軍空母部隊に、質・量両面において圧倒されてしまう。

ミッドウェー海戦での大敗をうけ、日本海軍は慌てて空母中心の建造計画を立てたが、大型正規空母クラスは早急には建造できず、結局、終戦までに、飛行甲板を装甲化した重防御空母『大鳳』1隻を戦力化できたのみに終わった。

戦艦『大和』型の3番艦を改造した『信濃』、飛龍クラスを改設計した『雲龍』型の3隻がそれぞれ昭和19年8月～11月にかけて竣工したが、皮肉にも、この頃にはそれらに搭載するべき艦隊航空隊が壊滅状態になっており、本来の用途に使うことのないまま、信濃、雲龍は米海軍潜水艦の雷撃により沈没。雲龍型の他の2隻、『天城』、『葛城』も瀬戸内海に繋留されたまま米海軍艦上機の爆撃を受け、天城は大破沈没、葛城は中破してしまった。

昭和20年（1945年）1月、神風特攻が日常化し、艦艇用重油燃料にも事欠くようになった状況下、もはや、航空母艦の運用は事実上不可能となり、日本海軍はその放棄を決定。終戦を待たずに、鳳翔の竣工以来、23年間にわたる航空母艦と艦隊航空隊の歴史を閉じたのである。

飛行甲板を初めて装甲化した重防御空母『大鳳』

# 第四章 海軍航空隊関連資料一覧

## 日本海軍の航空母艦一覧

日本海軍の航空母艦

| 艦名 | 基準排水量 | 公試状態排水量 | 全長（水線長） | 最大幅 | 吃水 | 軸馬力 | 速力 | 飛行甲板サイズ（長さ×幅） | 搭載機数（定数+予備） |
|---|---|---|---|---|---|---|---|---|---|
| 鳳翔 | 7,470t | 9,494t | 165.00m | 18.00m | 6.17m | 30,000hp | 25.00kt | 168.2×22.7m | 15+6 |
| 赤城 | 36,500t（改装後） | 41,300t | 250.30m | 31.32m | 8.07m | 133,000hp | 31.00kt | 249.2×30.5m | 66+25 |
| 加賀 | 38,200t（改装後） | 42,541t | 240.30m | 32.50m | 7.93m | 127,400hp | 28.30kt | 248.6×30.5m | 72+18 |
| 龍驤 | 10,600t（改装後） | 12,525t | 176.60m | 20.78m | 7.08m | 65,000hp | 29.00kt | 156.5×23.0m | 36+12 |
| 蒼龍 | 15,900t | 18,800t | 222.00m | 21.30m | 7.62m | 152,000hp | 34.50kt | 216.9×26.0m | 57+16 |
| 飛龍 | 17,300t | 20,165t | 222.00m | 22.32m | 7.74m | 153,000hp | 34.50kt | 216.9×27.0m | 57+16 |
| 翔鶴 | 25,675t | 29,800t | 250.00m | 26.00m | 8.87m | 160,000hp | 34.20kt | 242.2×29.0m | 72+12 |
| 瑞鶴 | 25,675t | 29,800t | 250.00m | 26.00m | 8.87m | 160,000hp | 34.20kt | 242.2×29.0m | 72+12 |
| 瑞鳳 | 11,200t | 13,100t | 201.43m | 18.00m | 6.64m | 52,000hp | 28.00kt | 180.0×23.0m | 27+3 |
| 祥鳳 | 11,200t | 13,100t | 201.43m | 18.00m | 6.64m | 52,000hp | 28.00kt | 180.0×23.0m | 27+3 |
| 龍鳳 | 13,360t | 15,300t | 210.00m | 19.58m | 6.67m | 52,000hp | 26.50kt | 185.0×23.0m | 24+3 |
| 千歳 | 11,190t | 13,600t | 185.93m | 20.80m | 7.51m | 56,800hp | 29.00kt | 180.0×23.0m | 30+0 |
| 千代田 | 11,190t | 13,600t | 185.93m | 20.80m | 7.51m | 56,800hp | 29.00kt | 180.0×23.0m | 30+0 |
| 飛鷹 | 24,140t | 27,500t | 215.30m | 26.70m | 8.15m | 56,250hp | 25.50kt | 210.3×27.3m | 48+6 |

日本海軍の航空母艦

| 艦固有主要兵装 | 起工年月日 | 竣工年月日 | 備考、戦歴 |
|---|---|---|---|
| 14cm砲×4、8cm高角砲×2 | 大正8年12月16日 | 大正11年12月27日 | 日本海軍最初の航空母艦。空母として建造され、竣工した世界最初の艦でもある。日中戦争に参加。ミッドウェー海戦後は練習空母として使用。終戦時まで残存。 |
| 20cm砲×6、12cm高角砲×12 | 大正9年12月6日 | 昭和2年3月25日 | 巡洋戦艦を建造途中に空母に変更。当初は3段飛行甲板を有す。加賀、米海軍のレキシントン、サラトガとともに、長く世界の4大空母として知られた。太平洋戦争開戦時の第一航空艦隊旗艦としてハワイ、南太平洋、インド洋各方面に活躍。17年6月5日、ミッドウェー海戦にて大破、翌日沈没。 |
| 20cm砲×10、12.7cm高角砲×16 | 大正9年7月19日 | 昭和3年3月31日 | 戦艦を建造途中に空母に変更。当初は3段飛行甲板を有す。日中戦争当時には空母部隊の主力として参加、太平洋戦争開戦時は赤城とともに第一航空艦隊を構成、ハワイ、南太平洋を転戦したのち、ミッドウェー海戦にて沈没。 |
| 12.7cm高角砲×8 | 昭和4年11月26日 | 昭和8年5月9日 | ワシントン条約の制限トン数残量内に入る小型空母として建造。日中戦争に参加。太平洋戦争開戦時は第四航空戦隊旗艦。フィリピン進攻作戦、インドネシア方面攻略作戦、インド洋作戦、アリューシャン作戦などに参加したのち、17年8月24日、第二次ソロモン海戦にて沈没。 |
| 12.7cm高角砲×12 | 昭和9年11月20日 | 昭和12年12月29日 | それまでの4隻の空母建造の経験を活かし、設計、性能ともに中型空母として成功した艦。日中戦争に参加。太平洋戦争開戦時は飛龍とともに第二航空戦隊を構成、ハワイ、南太平洋、インド洋各作戦に参加したのち、ミッドウェー海戦にて沈没。 |
| 12.7cm高角砲×12 | 昭和11年7月8日 | 昭和14年7月5日 | 蒼龍の準同型艦。ただし左舷の艦橋配置などが異なる。ハワイ、南太平洋、インド洋各作戦に参加。ミッドウェー海戦では他の3空母が相次いで失われたあと、唯1隻残って孤軍奮闘したが、翌日に集中攻撃を受けて沈没。 |
| 12.7cm高角砲×16 | 昭和12年12月12日 | 昭和16年8月8日 | 条約明け後に建造着手された最初の本格的大型空母。防御力、艤装などを除けば、その性能は米海軍のエセックス級に匹敵する。開戦劈頭のハワイ作戦を初陣に、ミッドウェー作戦を除く主要な海戦にほぼ全て参加、大戦中の空母部隊の象徴的存在だった。19年6月19日のマリアナ沖海戦で、米潜水艦の雷撃により沈没。 |
| 12.7cm高角砲×16 | 昭和13年5月25日 | 昭和16年9月25日 | 翔鶴型2番艦として建造。ハワイ作戦を初陣に、翔鶴とともに主要な海戦のほとんどに参加、最も武運に恵まれた艦といわれた。空母部隊にとって最後の作戦となったフィリピン沖海戦(捷一号作戦)において、他の3空母とともに沈没。 |
| 12.7cm高角砲×8 | 昭和10年6月25日 | 昭和15年12月27日 | 潜水母艦『高崎』を建造途中に空母に変更。開戦時は、鳳翔とともに第三航空戦隊を構成。ミッドウェー海戦後は正規空母不足を補って各海戦に参加したが、19年10月のフィリピン沖海戦において瑞鶴とともに沈没。 |
| 12.7cm高角砲×8 | 昭和9年12月3日 | 昭和17年1月26日(空母改装完成) | 潜水母艦『剣崎』を空母に改造。開戦後は第四航空戦隊に編入されていたが、17年5月8日の珊瑚海海戦で米空母機93機の集中攻撃を受けて沈没。空母としてはわずか4ヶ月に満たない短命に終わった。日本空母の喪失第1号でもあった。 |
| 12.7cm高角砲×8 | 昭和8年4月12日 | 昭和17年11月28日(空母改装完成) | 潜水母艦『大鯨』を空母に改造。就役後は、主に本土〜マリアナ、トラック、シンガポール間の船団護衛に従事、マリアナ沖海戦にて小破。以後は内地に待機し、20年4月には予備艦となり、空襲により損傷したまま終戦を迎えた。 |
| 12.7cm高角砲×8 | 昭和13年7月25日 | 昭和19年1月1日(空母改装完成) | 水上機母艦を空母に改造。19年6月のマリアナ沖海戦に参加、同年10月25日のフィリピン沖海戦にて沈没。 |
| 12.7cm高角砲×8 | 昭和13年12月15日 | 昭和18年12月26日(空母改装完成) | 水上機母艦を空母に改造。千歳と同型艦。19年6月のマリアナ沖海戦に参加、同年10月25日のフィリピン沖海戦にて沈没。 |
| 12.7cm高角砲×12 | 昭和14年11月30日 | 昭和17年7月31日 | 商船『出雲丸』を建造途中で空母に改造。完成後は隼鷹とともに第二航空戦隊を構成し、準正規空母として行動。19年6月20日のマリアナ沖海戦にて魚雷、爆弾各1発が命中して大爆発、沈没した。 |

# 第四章 海軍航空隊関連資料一覧

## 日本海軍の航空母艦一覧

| 艦名 | 基準排水量 | 公試状態排水量 | 全長(水線長) | 最大幅 | 吃水 | 軸馬力 | 速力 | 飛行甲板サイズ(長さ×幅) | 搭載機数(定数+予備) |
|---|---|---|---|---|---|---|---|---|---|
| 隼鷹 | 24,140t | 27,500t | 215.30m | 26.70m | 8.15m | 56,250hp | 25.50kt | 210.3×27.3m | 48+5 |
| 大鷹 | 17,830t | 20,000t | 173.70m | 22.50m | 8.00m | 25,200hp | 21.00kt | 172.0×23.5m | 23+4 |
| 雲鷹 | 17,830t | 20,000t | 173.70m | 22.50m | 8.00m | 25,200hp | 21.00kt | 172.0×23.5m | 23+4 |
| 冲鷹 | 17,830t | 20,000t | 173.70m | 22.50m | 8.00m | 25,200hp | 21.00kt | 172.0×23.5m | 23+4 |
| 神鷹 | 17,500t | 20,900t | 178.36m | 25.60m | 8.18m | 26,000hp | 21.00kt | 180.0×24.5m | 27+6 |
| 海鷹 | 13,600t | 16,700t | 159.59m | 21.90m | 8.25m | 52,000hp | 23.00kt | 160.0×23.0m | 24+0 |
| 信濃 | 62,000t | 68,060t | 256.00m | 36.30m | 10.31m | 150,000hp | 27.00kt | 256.0×40.0m | 42+5 |
| 大鳳 | 29,300t | 34,200t | 253.00m | 36.30m | 9.67m | 160,000hp | 33.30kt | 257.0×30.0m | 52+1 |
| 雲龍 | 17,150t | 20,400t | 223.00m | 22.00m | 7.76m | 152,000hp | 34.00kt | 216.9×27.0m | 57+8 |
| 天城 | 17,150t | 20,400t | 223.00m | 22.00m | 7.76m | 152,000hp | 34.00kt | 216.9×27.0m | 57+8 |
| 葛城 | 17,150t | 20,200t | 223.00m | 22.00m | 7.76m | 104,000hp | 32.00kt | 216.9×27.0m | 57+7 |
| 笠置 | 17,150t | 20,400t | 223.00m | 22.00m | 7.76m | 152,000hp | 34.00kt | 216.9×27.0m | 57+7 |
| 阿蘇 | 17,150t | 20,200t | 223.00m | 22.00m | 7.76m | 104,000hp | 32.00kt | 216.9×27.0m | 57+7 |
| 生駒 | 17,150t | 20,450t | 223.00m | 22.00m | 7.76m | 152,000hp | 34.00kt | 216.9×27.0m | 57+7 |
| 伊吹 | 12,500t | 14,800t | 198.35m | 21.20m | 6.31m | 72,000hp | 29.00kt | 205.0×23.0m | 27+0 |

## 日本海軍の航空母艦

| 艦固有主要兵装 | 起工年月日 | 竣工年月日 | 備考、戦歴 |
|---|---|---|---|
| 12.7cm高角砲×12 | 昭和14年3月20日 | 昭和17年5月3日 | 商船『橿原丸』を建造途中で空母に改造。飛鷹と同型艦。ミッドウェー海戦後は翔鶴型に次ぐ有力空母として各海戦に参加、二度の大損傷にもかかわらず沈没は免れ、マリアナ沖海戦後は主として本土〜南方間の物資輸送に従事し、佐世保にて終戦を迎えた。 |
| 12cm高角砲×4 | 昭和15年1月6日 | 昭和16年9月5日 | 商船『春日丸』を空母に改造。就役後は主として本土〜南方間の航空機輸送任務に従事したが、19年8月18日フィリピンのルソン島西岸にて米潜水艦の魚雷攻撃により沈没。 |
| 12cm高角砲×4 | 昭和13年12月14日 | 昭和17年5月31日（改装完成） | 商船『八幡丸』を空母に改造。就役後は主として本土〜南方間の商船護衛、航空機輸送任務に従事。19年9月17日南シナ海にて米潜水艦の魚雷攻撃により沈没。 |
| 12.7cm高角砲×8 | 昭和13年5月9日 | 昭和17年11月25日（改装完成） | 商船『新田丸』を空母に改造。就役後は主として本土〜南方間の船団護衛に従事。18年12月4日八丈島沖にて米潜水艦の魚雷攻撃により沈没。 |
| 12.7cm高角砲×8 | — | 昭和18年12月15日（改装完成） | ドイツ商船『シャルンホルスト号』を空母に改造。就役後は海上護衛総隊に編入され、本土〜フィリピン、シンガポール間の船団護衛に従事したが、19年11月17日済州島西方海上にて米潜水艦の魚雷攻撃により沈没。 |
| 12.7cm高角砲×8 | 昭和13年2月2日 | 昭和18年11月23日 | 商船『あるぜんちな丸』を空母に改造。就役後は海上護衛総隊に編入され、本土〜南方間の船団護衛に従事、空襲、触雷により損傷を受け、別府湾に擱座した状態で終戦を迎えた。 |
| 12.7cm高角砲×16 | 昭和15年5月4日 | 昭和19年11月19日 | 戦艦『大和』型3番艦を建造途中で空母に改造。日本海軍が建造した最大の空母だったが、19年11月29日最終工事のため横須賀から呉へ回航する途中、潮ノ岬沖の海上で米潜水艦の魚雷攻撃を受け沈没。竣工後わずか10日間の短命に終わった。 |
| 長10cm高角砲×12 | 昭和16年7月10日 | 昭和19年3月7日 | ミッドウェー海戦後に就役した最初の大型正規空母。日本空母として初めて飛行甲板に装甲が施された艦で、"不沈艦"と呼ばれ期待された。しかし初陣となった昭和19年6月19日のマリアナ沖海戦で、たった1発の魚雷が命中したことにより、艦内に充満した気化ガスに引火、爆発し、あっけなく沈没した。 |
| 12.7cm高角砲×12 | 昭和17年8月1日 | 昭和19年8月6日 | ミッドウェー海戦後の空母急速建造計画により、飛龍の設計を流用した"改飛龍型"の1番艦として完成。しかし捷一号作戦にも間に合わず、フィリピンへの物資輸送任務に就いた19年12月19日、宮古島北西海上にて米潜水艦の魚雷攻撃を受け沈没。わずか4ヶ月の短命に終わった。 |
| 12.7cm高角砲×12 | 昭和17年10月1日 | 昭和19年8月10日 | 雲龍型の2番艦として完成したが、すでに空母部隊としての運用が不可能になっていたため、一度も外洋に出ることなく、20年3月、7月の空襲により被弾し、呉港外で横転した状態で終戦を迎えた。 |
| 12.7cm高角砲×12 | 昭和17年12月8日 | 昭和19年10月15日 | 雲龍型の3番艦として完成したが、すでに空母としての役割がなく瀬戸内海にて訓練に従事したのみ。20年3月、7月の空襲により3発の命中弾を受けて損傷、そのまま終戦を迎えた。戦後、南方からの復員輸送に使われ、22年11月に解体終了した。 |
| 12.7cm高角砲×12 | 昭和18年4月14日 | 昭和19年10月19日（進水のみ） | 雲龍型4番艦として進水したものの、戦況の悪化により20年4月に工事中止され、工程84％状態で終戦を迎える。戦後、旧佐世保工廠ドックにて解体され、22年12月に作業終了した。 |
| 12.7cm高角砲×12 | 昭和18年6月8日 | 昭和19年11月1日（進水のみ） | 雲龍型5番艦として進水したが、戦況の悪化により工程60％状態で工事中止された。戦後、旧呉工廠にて解体され、22年4月に作業終了した。 |
| 12.7cm高角砲×12 | 昭和18年7月5日 | 昭和19年11月17日（進水のみ） | 雲龍型6番艦として進水。工程60％状態で工事中止された。戦後、三井玉野造船所にて解体。22年3月に作業終了した。 |
| 長8cm高角砲×4 | 昭和17年4月24日 | 昭和18年5月21日（進水のみ） | 重巡『改鈴谷型』の1番艦を進水後に空母へ改造。しかし、戦況悪化により20年3月、工程80％状態で工事中止された。戦後、佐世保造船により解体され、22年8月に作業終了した。 |

# 第四章 海軍航空隊関連資料一覧

# 日本海軍航空隊の組織・編成

## ●常設航空隊と特設航空隊

　日本海軍航空隊は、モーリス・ファルマン水上機の初飛行から4年後の大正5年（1916年）3月17日、第37回帝国議会において海軍航空隊令が発布され、4月1日に神奈川県の横須賀に、横須賀海軍航空隊が開隊した日をもって、その歴史をスタートした。

　以来、各地に次々と新規航空隊が開隊して、勢力を拡大していったのだが、日中戦争の直前まで、これら基地所在地の地名を冠した航空隊は、すべて**常設航空隊**と規定された部隊だった。

　もちろん、実戦能力もあったが、新規搭乗員の訓練任務なども兼務しており、いわば海軍航空隊の基盤を確立するための存在だった。

　この常設航空隊に対し、戦時、もしくは事変に際し、所要に応じて編成される、いわば実戦活動を本務とするのが**特設航空隊**と規定される部隊である。

　特設航空隊は、大正8年（1919年）4月に条例化されたが、それを必要とする戦争、事変が生起せず、17年間は存在しなかった。

　昭和11年（1936年）9月、中国大陸の北海、および上海にて日本の民間人、兵士を巻き込んだ事件を契機に、日中間の緊張が高まったことをうけて第十一航空隊が編成され、最初の特設航空隊となったが、わずか2ヶ月弱で解散した。したがって、実質的には、翌12年（1937年）7月7日の日中戦争勃発をうけて、4日後の11日に編成された第十二、十三、二十一、二十二の4個航空隊が、特設航空隊の嚆矢といえる。

　特設航空隊は、以降日中戦争、さらには太平洋戦争へと戦時体制が継続するなかで次々に編成され、終戦までに122個隊が開隊した。部隊名称に1～3桁の数字を用いたことから、便宜上"ナンバー（番号）航空隊"とも表記される。

## ●甲、乙航空隊と特設飛行隊

　昭和19年（1944年）7月10日、海軍航空隊の大改編が実施され、このとき**甲**、および**乙航空隊**という名称が生まれたが、これは建制上の呼称ではなく、従来の航空隊を便宜上甲とし、それに対して飛行機隊を持たず、基地を維持・管理し、作戦に応じて、甲航空隊の飛行機隊が派遣されてきた場合に、その指揮をとるのが乙航空隊という意味である。

　昭和19年3月1日、海軍航空隊は時局に対応するために、いわゆる"空地分離"と称した組織改編を実施し、これに沿って**特設飛行隊**を設けることにした。

　従来、ナンバー航空隊は、作戦に応じて司令部、地上員も含めて"丸ごと"移動していたが、これは急を要する際に動きが鈍く、且つ戦力回復にも手間がかかることなど、現状にそぐわない面が多々生じてきた。

　そこで、飛行機隊を特設飛行隊として独立単位にし、作戦に応じ、各航空隊間を迅速に転出、転入できるようにした。これが本制度の導入目的だった。特設飛行隊も1～4桁の番号を隊名に用い、任務名称を冠して表記した。例えば、零戦装備部隊なら1～400番台内の隊名を用い、戦闘第三〇三飛行隊というように表記する。

　なお、この空地分離制度の導入にともない、それまでの航空母艦の固有飛行機隊も廃止され、六〇〇番台の隊名を冠した航空隊が、それぞれの空母に分乗するという形に改められた。

## ●上部組織

実戦活動する組織として、航空母艦を束ねるのが**航空戦隊**である。昭和3年(1928年)4月1日、空母『赤城』、『鳳翔』の2隻で構成された第一航空戦隊をその嚆矢とする。

陸上の特設航空隊を束ねる組織は、日中戦争直前の昭和11年(1936年)11月5日に、**連合航空隊**(特設)として制度化され、2個航空隊以上で構成し、必要に応じ、水上艦船も指揮下に置くことができると定められた。

しかし、昭和16年(1941年)1月15日、連合航空隊も航空戦隊の名称に統一されることになり、廃止されたのだが、常設航空隊によって構成される、非実戦任務の連合航空隊はそのまま任務を継続した。

大作戦を実施する際に、いくつかの航空戦隊を束ねるのが**航空艦隊**であり、昭和16年1月15日に制度化された。太平洋戦争開戦時には、空母部隊を束ねた第一航空艦隊と、台湾からフィリピンを空襲した、陸上基地部隊の第十一航空艦隊があった。

昭和19年3月1日、空地分離制度の導入とともに制度化されたのが**機動艦隊**で、戦艦や巡洋艦部隊も含め、2個以上の艦隊を束ねて強力な機動部隊を構成するのが目的だった。

もっとも、マリアナ沖海戦のために編成された第一機動艦隊が最初で最後の例となり、同海戦に大敗したあとは、有名無実化した。

**太平洋戦争開戦時の海軍航空部隊編制**

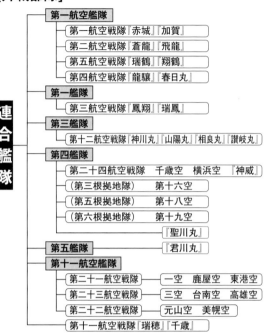

日本軍用機事典【海軍篇】

## 第四章 海軍航空隊関連資料一覧

# 日本海軍搭乗員の飛行装具

　航空に関するすべてを欧米先進国から学び取らなければならなかった海軍は、搭乗員が身に付ける装具類についても、当初はフランス、次いでイギリスのそれに倣ったものを制式化した。

　飛行服（海軍では正式には『航空衣袴』と称した）については、前記のものを順次改良し、昭和9年（1934年）に制式化したタイプに至って、ようやく日本海軍独自のものが定まったといえる。

　服は、上着とズボンが一体になった、いわゆる"つなぎ"と称するタイプで、生地はこげ茶色のギャバジン（綾織木綿）。左胸と両股に大きなポケットが付くのが特徴。夏用と冬用があり、前者は前合わせがシングル、後者はダブルになっていた。また、冬用は裏に真綿を和紙で包んだものが黒い絹布で縫い付けてあり、衿には黒い毛皮を付け、防寒対策が講じてあった。

　昭和17年（1942年）になって、戦時の教訓を採り入れ、つなぎではなく、上着、ズボンのセパレーツ式に変わり、夏用の前合わせがファスナー留めからボタン留めになった。

　頭を覆う『航空帽』は、茶色のなめし皮製で、両耳の部分に無線機用の受聴器（イヤホン）が組み込んであった。日中戦争期まで種々の型式が使われたが、昭和15年（1940年）に制式化されたタイプが太平洋戦争中期まで使われ、後期は無線機の更新にあわせ、受聴器部分を改良した『三式航空帽』に変わり、終戦まで用いられた。夏、冬用があるが、造りは同じで、後者は裏に兎の毛皮が付けてあった。

　目を保護するゴーグルは、海軍正式名を『航空眼鏡』と言い、大きな丸型眼鏡を2つ並べた感じのタイプで、ガラスを止める縁はアルマイト製。

　海上飛行を常とする海軍機は、不時着水に備えた装備を施していたが、搭乗員自身のそれが『航空救命胴衣』、すなわちライフ・ジャケット。こげ茶色の木綿布でベスト風に仕立て、前側を縦にいくつか仕切るように縫い付け、この部分にカポックを詰めて"ウキ"の役目を果たすようにしてあった。大正期の導入以来、様々な型式が用いられた。

　救命具のもう1種『落下傘』（パラシュート）は、太平洋戦争中期までは、操縦者用が、尻の下に下げ操縦席に座ったとき、クッション代わりになるタイプだったが、それ以降は『零式落下傘』の背負式になった。

　同乗者用は、"手持ち式"などと称され、それぞれの座席の周囲に置いた。

　この落下傘と体をつなぐのが『縛帯』と称した"帯組み"で、木綿布地の背当てから、肩、腰、股に廻した緑色の帯を、"離脱器"と称した腹部の金具で止めて固定した。

　手、足を保護するのは『航空手袋』と『航空半長靴』で、前者は褐色系の鹿なめし皮、後者は黒皮製。ともに、冬用は裏に毛皮が付いた。

　太平洋戦争期の海軍搭乗員のスマートさを象徴していたのが、首に巻いた純白の絹襟巻（マフラー）。もっとも、これは当初から海軍の給与品ではなく、"自前調達"で、貸与品の褐色毛編み、あるいは他の自前調達毛糸編みなども使われた。

# 日本海軍航空隊の戦歴

昭和16年12月8日早朝、ハワイ・真珠湾に向けて発艦する直前の空母『赤城』第二次攻撃隊の零戦

　大正5年（1916年）に発足した海軍航空隊は、すでにそれ以前の『航空術研究委員会』の段階で、第一次世界大戦の一環である、中国大陸の青島攻略戦に参加し、実戦初体験をしていた。このときは、モーリス・ファルマン大型水上機1機、同小型水上機3機を、水上機母艦『若宮丸』に搭載して現地まで運び、陸上基地から作戦飛行を行なった。大正3年（1914年）9月〜11月までの2ヶ月間に、出撃回数49回、投下爆弾199個、総飛行時間71時間を記録した。

　その後、20年近くは平穏に過ぎたが、昭和7年（1932年）1月に中国大陸の上海で日中両軍が衝突して、いわゆる第一次上海事変が生起、空母『加賀』が同市沖に出動して地上軍支援にあたった。そして、2月22日に加賀の三式艦戦3機と一三式艦攻3機の編隊を迎撃した、中国側のアメリカ人義勇飛行士ロバート・ショートの操縦する、ボーイング100型戦闘機との間で初めての空中戦が展開され、三式艦戦と一三式艦攻は協力してこれを撃墜、日本海軍航空隊史上最初の空中戦戦果を記録した。同時に艦攻隊指揮官小谷大尉が、敵機の銃撃をうけて機上戦死し、空中戦による犠牲第一号になった。

## 日中戦争

　昭和12年（1937年）7月7日、中国大陸・北京郊外の盧溝橋で発生した、日中両地上軍の紛争は、たちまち各地にも飛び火し、ついには全土的な武力衝突に拡大、日中戦争（当時の日本側呼称は支那事変）となった。

　海軍は、7月11日付けをもって木更津、鹿屋両航

日本海軍航空隊の戦歴

日中戦争において、海軍航空打撃力の中心的存在だった九六式陸攻。緒戦の"渡洋爆撃"は世界を震撼させた

空隊（陸攻を装備）により第一連合航空隊（一連空）を、同日編成の第十二、十三両航空隊（各機種混成）により第二連合航空隊をそれぞれ編成し、空母部隊の第二航空戦隊に対しても上海沖に出動を命じ、臨戦態勢を整えた。

8月14〜16日にかけて、一連空の陸攻隊は、折からの台風による悪天候をついて、九州、および台湾の基地から、大陸内の敵要地に対し、長距離爆撃作戦、いわゆる"渡洋爆撃"を強行、世界の軍事航空関係者を仰天させた。

これら陸攻隊の攻撃力、さらには、高性能の九六式艦戦を擁した戦闘機隊の圧倒的な制空力などのまえに、中国側の航空戦力はきわめて早い段階で壊滅してしまい、昭和13年（1938年）10月下旬の漢口陥落をもって、大陸上空の制空権は、ほぼ日本側の手に帰した。

その後、大陸奥地の四川省に遷都した中華民国政府に対し、日本側は地上軍の進攻が不可能となり、もっぱら海軍の陸攻による長距離爆撃戦術が、採り得る唯一の攻撃手段になってしまった。

昭和15年（1940年）夏、新鋭の零戦が大陸の空に実戦デビューして、海軍航空隊の士気は大いに高まったが、もはや、日中戦争は膠着状態に陥ってしまい、解決の見通しがまったく立たないまま、日本はさらなる賭け、太平洋戦争へとうって出る。

# 太平洋戦争

◆真珠湾攻撃とマレー沖海戦

日中戦争が原因で、アメリカ、イギリスなどから石油、航空機などの輸出禁止を含む経済制裁を課せられた日本は、武力による時局打開を選択し、昭和16年（1941年）12月8日、太平洋戦争の開戦に踏み切った。

開戦劈頭の進攻作戦において、中心的役割を果たしたのが海軍航空隊で、第一撃のハワイ・真珠湾攻撃では、空母部隊艦載機がアメリカ海軍太平洋艦隊を集中的な雷・爆撃によって壊滅させ、陸上基

太平洋戦争開戦を告げたハワイ・真珠湾攻撃のシーン。上空を飛行するのは、空母『瑞鶴』第二次攻撃隊の九七式三号艦攻。写真中央奥で黒煙を噴き上げているのが、フォード島の米海軍戦艦群

日本軍用機事典【海軍篇】 203

# 第四章 海軍航空隊関連資料一覧

## 日本海軍航空隊の戦歴

ガダルカナル島攻撃に向かう、三沢航空隊の一式陸攻群

地部隊は、台湾から長駆フィリピンを攻撃してアメリカ陸軍航空軍を壊滅させ、当初に計画した、石油資源確保のための南方進攻作戦を、なかば成功させる活路を開いた。

さらに、2日後の12月10日には、仏印（フランス領インドシナ～現：ベトナム／カンボジア）に展開した陸攻部隊が、マレー半島東海岸沖にてイギリス海軍極東艦隊の戦艦2隻（『プリンス・オブ・ウェールズ』、『レパルス』）を、雷・爆撃によって撃沈するという偉勲をあげ、全世界に衝撃を与えた。海上を自由行動する軍艦を、航空機の攻撃だけで撃沈できるとは、いずれの国の軍事関係者も考え及ばなかったことであり、長年にわたって信奉されてきた"大艦巨砲主義"――戦艦の大口径砲が戦争の勝敗を決するという考え――を、根底から覆した、歴史的な"大事件"でもあった。

海軍空母部隊は、5月8日、南太平洋のサンゴ海にて、初めてアメリカ海軍空母と相対し、『レキシントン』を撃沈したが、『翔鶴』が被弾・損傷、搭載機の多くも失い、開戦以来、初めてともいえる痛手を蒙った。

6月5日、アメリカ軍の北太平洋方面における根拠基地、ミッドウェー島を攻略するために出撃した海軍機動部隊は、同島近海で再びアメリカ海軍空母部隊と相まみえた。当初は優勢に戦いを進めたものの、指揮判断のまずさから、敵艦上爆撃機に奇襲を許し、ハワイ以来の主力空母4隻『赤城』『加賀』『蒼龍』『飛龍』と、多数の熟練搭乗員を一挙に失う大敗を喫してしまった。この大敗の根底には、開戦以来の連戦連勝により、海軍内に驕りと気の緩みがあったことも事実だった。

ミッドウェー海戦から2ヶ月後の8月7日、アメリカ軍は、ソロモン諸島南端に位置するガダルカナル島に上陸し来たり、本格的な反攻作戦にうって出てきた。

このガダルカナル島の攻防を巡り、日本海軍とアメリカ陸、海軍、さらには同海兵隊も含めた激しい航空消耗戦が、半年間にもわたって繰り広げられた。

### ◆ソロモン航空戦

わずか3ヶ月という短期間で、南西太平洋方面のほぼ全域を支配下に収めた日本は、さらに占領地の拡大を意図して、昭和17年春には第二段進攻作戦に踏み切った。

昭和18年4月7日、『い』号作戦に際し、ソロモン諸島のブーゲンビル島ブイン基地から出撃する零戦隊

日本海軍航空隊の戦歴

零戦と一式陸攻を主力とする日本海軍航空部隊は、ラバウル基地からガダルカナル島まで、往復7〜8時間にもおよぶ長距離進攻を強いられたうえ、レーダーでいち早く来襲を知り、有利な高度で待ち受けるアメリカ軍戦闘機隊により、大きな被害を出した。

この頃には、アメリカ側は零戦の弱点を巧みにつく空中戦術、例えば2機1組のチームワークに徹する"サッチ・ウィーブ"などを多用して効果をあげ、零戦隊は緒戦の頃の輝きを失い、戦果の割に被害も目立つようになった。

昭和18年（1943年）2月、損害ばかり多く、一向に情勢が好転しないガダルカナル島攻防戦に見切りをつけた大本営は、ついに同島からの撤退を決定、太平洋戦争は日本軍の守勢へと大きく転換した。

ガダルカナル島を制圧したアメリカ軍は、ソロモン諸島を島伝いに北上し、日本軍をこの方面から駆逐する勢いで攻勢に転じてきたため、海軍航空隊は、その実働戦力の大半をこの戦域に投入し、必死で喰い止めようとした。

しかし、4月上旬の『い』号作戦、11月上旬の『ろ』号作戦という、2回の大規模航空撃滅戦を実施したにもかかわらず、アメリカ軍の戦力を低下させるほどの戦果はあげられなかった。

逆に、日本海軍航空隊は、"虎の子"の空母部隊艦載機までを投入して大きな損害を出し、その損失補充もままならずに、戦力の低下を招くという悪循環に陥った。

昭和19年（1944年）2月17、18の両日、南太平洋における日本海軍最大の根拠基地トラック諸島は、アメリカ海軍機動部隊艦載機延べ約1,250機の波状的空襲をうけて壊滅。もはやソロモン諸島の防衛どころではなく、ラバウル基地に残っていたわずかの兵力は、2月20日トラック諸島に後退、ここに1年半におよんだソロモン航空戦は、日本側の撤退をもって幕を閉じた。

この間に失った日本海軍機は、約7,500機という膨大な数に達した。

### ◆マリアナ沖海戦

ソロモン航空戦に敗退した時点において、日本海軍、というよりも日本軍がアメリカ軍に対し、戦勢を挽回できる可能性は、ほとんど無くなったといってもよかった。それを明確に示したのが、昭和19年（1944年）6月19日に生起したマリアナ沖海戦である。

この海戦に臨んだ日本海軍第一機動艦隊の航空戦力は空母9隻、艦載機440機だったが、アメリカ海軍は空母15隻、艦載機896機と2倍の戦力を有

昭和19年6月20日、マリアナ沖海戦の2日目に、米海軍艦載機の攻撃を受ける日本海軍機動部隊。中央の水柱に包まれた大型艦が空母『瑞鶴』

# 第四章 海軍航空隊関連資料一覧

## 日本海軍航空隊の戦歴

戦争末期、米海軍艦船に対する攻撃がいかに困難であったかを示す写真。猛烈な対空砲火をかいくぐって『天山』(左寄りの水柱のすぐ上)が突進している

このマリアナ沖海戦の前後にマリアナ諸島各島に展開した、陸上基地部隊の第一航空艦隊も、アメリカ側艦載機の空襲などにより戦力の大部分を失い、機動部隊を間接的に支援するという目的を果たし得なかった。

しており、加えて機材の性能、搭乗員の技倆、支援態勢のレベルなども日本側を凌駕していたから、実質的な差はそれ以上といえた。

アウトレンジ戦術を採って先制攻撃を仕掛けた日本側に対し、アメリカ側は新鋭グラマンF6Fヘルキャット艦戦の大半を迎撃に投入してこれを待ち受け、日本機を一方的に撃墜した。このときの空中戦の様相は、F6Fパイロット達によって"マリアナの七面鳥撃ち"と形容されている。彼我の実力格差を象徴的に示した言葉だろう。

結局、日本側はほとんど戦果をあげられないまま、翌日にかけて空母3隻と、艦載機の大部分を失い敗退した。

### ◆フィリピン決戦

『絶対国防圏』と定めたマリアナ諸島が、アメリカ軍の圧倒的戦力のまえに早々と失陥してしまい、もはや日本の敗戦は決定的となったが、大本営はなおも勝機を求めて、台湾～フィリピンの防衛ラインを死守しようとした。

昭和19年10月17日、アメリカ軍はフィリピンのレイテ島に上陸し、日本陸海軍は第一線航空兵力の大部分を同方面に投入し、これを撃退しようと試みた。航空総攻撃の名のもとに、アメリカ海軍機動部隊に対し、大挙出動したものの、ほとんど実戦果を得られぬまま、大きな損害を蒙って敗退した。

昭和19年10月25日、フィリピンのルソン島マバラカット飛行場から出撃する、神風特別攻撃隊『敷島隊』の直掩任務の零戦五二型

昭和19年10月25日、フィリピン沖で米海軍艦載機の攻撃を受ける日本海軍機動部隊。画面右は空母『瑞鶴』。手前は『瑞鳳』。この日、4隻の空母すべてが撃沈され、日本海軍機動部隊は事実上潰え去った

# 日本海軍航空隊の戦歴

このフィリピン決戦には、海軍水上艦艇の大部分も投入され、アメリカ海軍艦隊、および上陸部隊を撃滅しようと、4方向からレイテ島沖を目指したが、潜水艦の魚雷攻撃、空母艦載機による空襲、戦艦部隊からの集中砲火などを浴びていずれも頓挫、39隻中22隻を失なって敗退した(フィリピン沖海戦、あるいはレイテ沖海戦)。

なお、これら水上艦艇のレイテ島沖突入を支援するため、マリアナ沖海戦の"生き残り空母"4隻も、わずかな艦載機をともなって出撃したが、その主目的はアメリカ海軍機動部隊を北方に誘致する、いわば"囮役"であり、もはや昔日の威光は失せていた。

この"囮"作戦は一応成功したのだが、4隻の空母は全て撃沈されてしまい、ここに、日本海軍空母部隊は事実上壊滅した。

正攻法をもってしては、もはやアメリカ海軍艦隊に有効な打撃を与えられぬと悟った日本海軍は、ついに体当たり自爆攻撃、すなわち神風特別攻撃隊の投入に踏み切り、10月25日の敷島隊の突入を皮切りに、次々と出撃した。

しかし、特攻機の大挙投入も空しく、フィリピンは、昭和20年1月、事実上アメリカ軍に制圧され、戦いは終わった。

## ◆沖縄・本土防空戦

フィリピンの失陥後、もはや日本陸海軍にとって、正規の航空作戦を実施する余地はなく、硫黄島、沖縄攻防戦を通じて、夥しい数の特攻機が出撃、アメリカ海軍艦船にある程度の損害を強いたが、それは戦局の趨勢に何らの影響を及ぼすものでもなかった。

この間、日本本土は、マリアナ諸島から飛来するアメリカ陸軍航空軍の四発超重爆ボーイングB-29、および同海軍艦載機の空襲に晒され、大都会から中小都市へと次々に灰燼に帰していった。

各地に展開していた海軍戦闘機隊も、これらの来襲機に迎撃を試みたが、圧倒的な性能、兵力差はどうにもならず、最後はほとんど無抵抗状態になり、8月15日の終戦を迎えたのであった。

対空砲火に被弾し、炎と煙を曳きつつ突入する、神風特別攻撃隊『吉野隊』の彗星三三型。昭和19年11月25日

## イカロス出版●ミリタリー関連刊行物のご案内

### 局地戦闘機「紫電改」完全ガイド　　　　　　　　　　　　　　　　B5判　定価1,543円
短い期間ながら零戦と肩を並べる活躍を果たした名機、海軍最強の戦闘機「紫電改」の魅力に迫る。

### 日本陸海軍機 英雄列伝　　　　　　　　　　　野原茂 著　B5判　定価2,100円
縦横無尽に戦った日本陸海軍の航空部隊の勇姿と"知られざる戦史"をカラーイラスト、稀少写真、精密図面満載で解説した一冊。

### 陸海軍航空隊 蒼天録　　　　　　　　　　　　野原茂 著　B5判　定価1,646円
太平洋戦争で日本陸海軍航空隊の実力を世界に示した撃墜王たちの伝説的な戦いぶりに焦点を当て、"秘めたる戦史"を合わせて綴った異色の内容。

### ゼロの残照～大日本帝国陸海軍機の最期～　　ジェイムズ・P・ギャラガー 著　B5判　定価2,200円
太平洋戦争終戦直後に進駐軍の一員として来日し、かつての仇敵である日本機の姿に魅せられた著者が、敗戦後の日本陸海軍機を撮影した写真集の邦訳版。

### 第二次大戦 世界の軍用機図鑑　　　　　ポール・E・エデン、ソフ・モエン編著　A4ワイド判　定価4,200円
零式艦上戦闘機からP-51ムスタング、メッサーシュミットMe262まで、第二次大戦期の最も重要な70機の軍用機を厳選してフルカラーで紹介！

### 世界の戦闘機図鑑　　　　　　　　　　　　ジム・ウィンチェスター 著　A4ワイド判　定価4,937円
メッサーシュミットMe262からF-35ライトニングⅡまで、第二次大戦から現在までの最も重要な戦闘機／攻撃機を50機厳選してフルカラーで紹介

### もしも☆WEAPON～完全版～ 世界の計画・試作兵器　　　　　　　　　B5判　定価2,160円
第二次大戦期の日本やドイツを中心に、計画倒れに終わった古今東西の超兵器・秘密兵器の数々を開発経緯や驚異のメカニズム、ifイラスト&仮想戦記で紹介!!

### ミリタリー選書14 日本陸軍の試作・計画機1943-1945　　佐原晃 著　A5判　定価1,749円
独自の着想による異形の機体やジェット戦闘機、対艦ミサイルの元祖・誘導弾まで、知られざる日本陸軍の試作・計画機を最新の資料・考証によって解説。

### ミリタリー選書25 世界の名脇役兵器列伝　　　　　　　　　　　　　A5判　定価1,749円
現実の戦場では、数多くの"脇役"兵器たちが奔走していた。第二次大戦に登場したそうした愛すべき"脇役"兵器たちの開発の背景、戦歴等を一挙紹介。

### ミリタリー選書32 世界の名脇役兵器列伝 エンハンスド　　　　　　A5判　定価1,749円
好評第2弾の本書では第二次大戦から冷戦初期に登場した愛すべき"脇役"兵器たちにスポットを当て、開発の背景や技術的特徴、戦歴等を一挙紹介。

### ミリタリー選書39 世界の名脇役兵器列伝 レヴォリューションズ　　A5判　定価1,836円
好評第3弾。マイナーながらも戦史や兵器開発の歴史の中で大きな存在感を放つ数々の"脇役"兵器たちの誕生から特徴、戦歴などを紐解いていく。

### 未完の計画機　　　　　　　　　　　　　　　　浜田一穂 著　A5判　定価2,052円
月刊Jウイングで10年以上のロングラン連載を続ける「未完の計画機」の単行本化第1弾。とりわけ特異な、あるいは技術的に興味深い機体を集めた。

### 未完の計画機2　　　　　　　　　　　　　　　浜田一穂 著　A5判　定価2,052円
単行本化第2弾はVTOL機の開発と挫折およびその成果が、膨大な資料と深い洞察力に裏付けられた「22の真実の物語」。

### WWⅡ軍用機 塗装図集　　　　　　　　　　　田村紀雄 作図　B5判　定価2,980円
大戦機の塗装やマーキングを、豊富なカラー図面で再現。WWⅡ軍用機のビジュアル資料として、模型製作の一助として、全ての大戦機ファンにおススメ。

### WWⅡ戦車 塗装図集　　　　　　　　　　　　田村紀雄 作図　B5判　定価2,800円
ドイツ、ソ連、日本、アメリカ、イギリス、フランス、イタリア、フィンランドのほか、第一次大戦期も含めた装甲戦闘車輌の塗装・マーキングをカラー図版で紹介！

### 戦闘機年鑑　　　　　　　　　　　　　　　　　青木謙知 著　AB判　定価2,916円
世界各国の戦闘機、攻撃機、爆撃機、武装ヘリコプターの詳細な解説・データを完全収録。2年ごとにアップデートする保存版。

### 自衛隊機年鑑　　　　　　　　　　　　　　　　　　　　A4変型判　定価1,944円
防衛庁・自衛隊発足前の1952年当時から2015年12月までの、陸・海・空自衛隊が装備している&装備していた航空機をすべて掲載。